机械制图实用图样 1000 例

第 2 版

刘伏林　著

机械工业出版社

本书是为了配合画法几何及机械制图的学习编写的,将机械制图基本知识与实际图例相结合,同时着重贯彻现行的《机械制图》国家标准,便于读者查找使用。选用的图例尽可能结合机械类专业的特点,做到与生产实践相联系,以求使读者不仅掌握机械制图的基本知识和基本技能,同时还能具备灵活运用的能力。本书主要内容包括:由立体图画三视图、画轴测图、机械零件常用的表达方法、尺寸注法、中心孔的标注、尺寸公差和配合注法、几何公差标注、图样中表面结构的表示法、螺纹及螺纹紧固件的表示法、齿轮画法、花键画法、弹簧的表示法、典型零件的表达、减速器的工作原理示意图及零件图、齿轮泵的装配图及零件图。书中,"由立体图画三视图"部分多作了些图例,每一幅图例都是用完整的机械制图工程语言充分表达设计者的思想和用意,同时立体图还能展示设计效果,改变工程设计图中因缺少立体图而表达不清的现象,用大量感性图例来学习画法几何及机械制图。本书附上37个数控机床对机械零件自动加工和检测的演示视频,目的是增加对先进科技的了解。

本书适合机械设计、机械制造相关技术人员,大中专院校机械类专业师生及自学成材者使用,也可作为技术人员加强空间概念的培训教材。

图书在版编目(CIP)数据

机械制图实用图样 1000 例/刘伏林著. —2 版. —北京:机械工业出版社,2023.6
ISBN 978-7-111-73456-7

Ⅰ.①机… Ⅱ.①刘… Ⅲ.①画法几何-高等学校-教材②机械制图-高等学校-教材 Ⅳ.①TH126

中国国家版本馆 CIP 数据核字(2023)第 120255 号

机械工业出版社(北京市百万庄大街 22 号 邮政编码 100037)
策划编辑:王晓洁   责任编辑:王晓洁 赵晓峰
责任校对:李 婷 李 杉   封面设计:马若濛
责任印制:张 博
北京汇林印务有限公司印刷
2023 年 11 月第 2 版第 1 次印刷
260mm×184mm · 17 印张 · 417 千字
标准书号:ISBN 978-7-111-73456-7
定价:79.80 元

电话服务   网络服务
客服电话:010-88361066   机 工 官 网:www.cmpbook.com
          010-88379833   机 工 官 博:weibo.com/cmp1952
          010-68326294   金 书 网:www.golden-book.com
封底无防伪标均为盗版   机工教育服务网:www.cmpedu.com

前　　言

　　本书是为了配合画法几何及机械制图的学习编写的。"画法几何"和"机械制图"是工科类专业的基础课，但对于刚进入学校的低年级学生来说，头脑里还是一片空白，让他们听纯理论的画法几何学，就会感觉空洞、抽象，甚至乏味。这点不仅在我当学生的时候，甚至在我给学生讲课的时候都同样深有体会。我发现，不是我理论讲错了，也不是我没表达清楚，而是同学们还没有构建很好的空间概念，这样教学效果就不好。后来我做了很多立体模型，用投影法原理讲课，使同学们在头脑里形成了活的立体空间概念，教学效果非常好。通过多年的教学和设计科研活动，我积累了大量立体图和三视图图例，并希望用它们可以填补、弥补画法几何和机械制图授课中的不足，这就是编著本书的目的；也是我极力推广的绘制完整机械制图，平面视图是真实的几何要素，而立体图增加了立体感，两者互相对照，除可检查三视图绘制得是否正确外，还给读图带来很大的方便。

　　本书通过立体图形的不断变化从而转化为三视图线条的不断变化，同样通过大量三视图不断变化的线条而想象出立体图形的变化。这样由浅入深地反复训练，再用生产实际图样来达到教授画法几何和机械制图课程的目的。同时着重贯彻现行的《机械制图》国家标准（由于部分作废标准中的图样标注方式仍有实用价值，故本书仍予以收录），用大量图例进行表述，便于读者查找对照，使图册带有手册性质。并且尽力做到与生产实践相结合，使读者不仅能掌握机械制图的基本知识和基本技能，同时还能具备灵活运用的能力。

　　在内容编排上，强调从立体模型图形出发，把"由立体图画三视图"和"机械零件常用的表达方法"作为重点，用大量图例加以叙述且反复练习，培养由立体图看三视图的能力；同时由三视图图线的变化，建立立体图形状变化的空间概念，对初学者极有裨益；"尺寸标注""中心孔的标注""尺寸公差和配合注法""几何公差标注""图样中表面结构的表示法"等，也是通过图例的方式进行表述的。把螺纹、齿轮、花键和弹簧这些所谓标准件放在零件图绘制学习之前，在零件图与装配图的关系上，试图做到零装结合，并以零件图为主。这样的安排有利于读者由浅入深、由易到难逐步提高，最后达到掌握绘图方法的目的。本书附上当代科技先进自动化机床相关的 37 个数控机床加工零件和检测的演示视频，可扫二维码观看，时长约 1h。制作视频的目的是为了增加设计师头脑中机械结构的知识，提高灵活运用机械结构的水平。当然有经验的高级设计师，看到工作母机的视频运动，就会联想到数控机床的内部结构。未来，机床视频演示有可能要代替纯设计图样，从而进入模块设计时代。未来的世界是机器人和机械手的自动化时代，视频中自动化加工和检测零件产品案例，可供读者设计时参考。

本书是一本实用性很强的机械制图参考书，适合机械设计、机械制造相关技术人员，大中专院校机械类专业师生及自学成材者使用，也可作为技术人员加强空间概念的培训教材。

由于编著者能力有限，疏漏和不足之处在所难免，敬请各位读者批评指正。

刘伏林

目　　录

一、由立体图画三视图

本章导读：本章用 608 幅图例介绍了"由立体图画三视图"的方法，是本书的重点内容之一。学习这部分内容的目的有两点：一是从形象的立体图出发，运用机械制图原理，以三视图的方式，根据投影法将其绘制出来，这对初学者及年轻工程师来说是很有必要的训练；二是把立体图遮盖起来，单独看三视图，验证是否和想象中的立体图相符。通过这两方面的互相对照，既学习了画法几何及机械制图的知识，又培养了空间想象力；三视图和立体图合起来是完整的机械图，其中三视图是真实的几何要素，立体图是真实的感受，这样的完整图样扩大了读懂图样人的层次。而且，立体图由浅入深地不断变化，也会引起三视图中图线的不断变化，这样经过大量的练习，才能不断提高初学者和年轻工程师的识图、绘图能力，这也是使设计走向成熟的必经之路。

机械制图是工程上的语言，也就是说，一张机械图样在任何人面前都能表达相同的设计意图。但要读懂设计图，了解设计意图，明白各零件及部件的制造要求，就需要读图者不但具有画法几何及机械制图的理论知识，还要有识图和绘图的能力。要想更好地绘制机械图，就应经常进行实际训练；同样，要想更快地读懂机械图，也应经常不断看图、识图，这样才能提升设计者的设计能力和空间想象力。

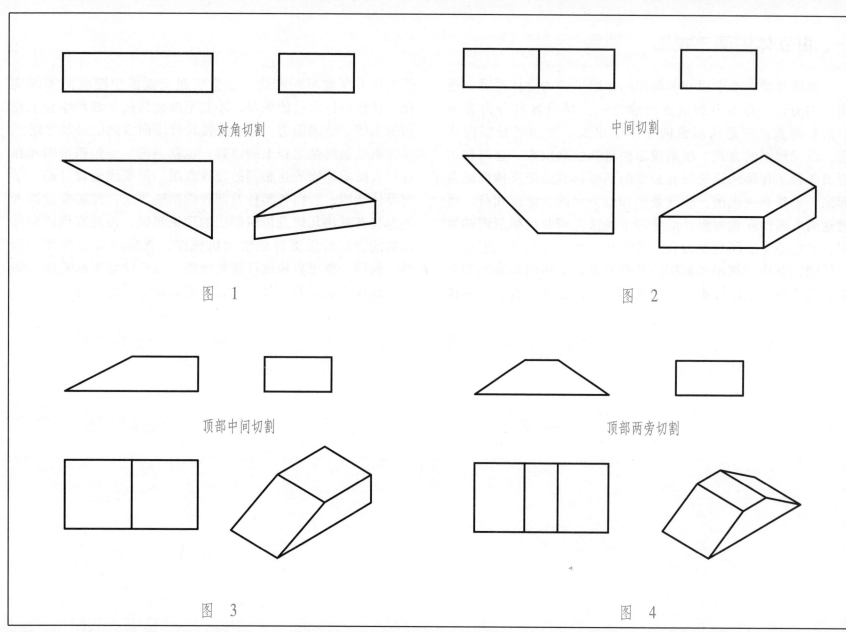

对角切割

中间切割

图 1

图 2

顶部中间切割

顶部两旁切割

图 3

图 4

2

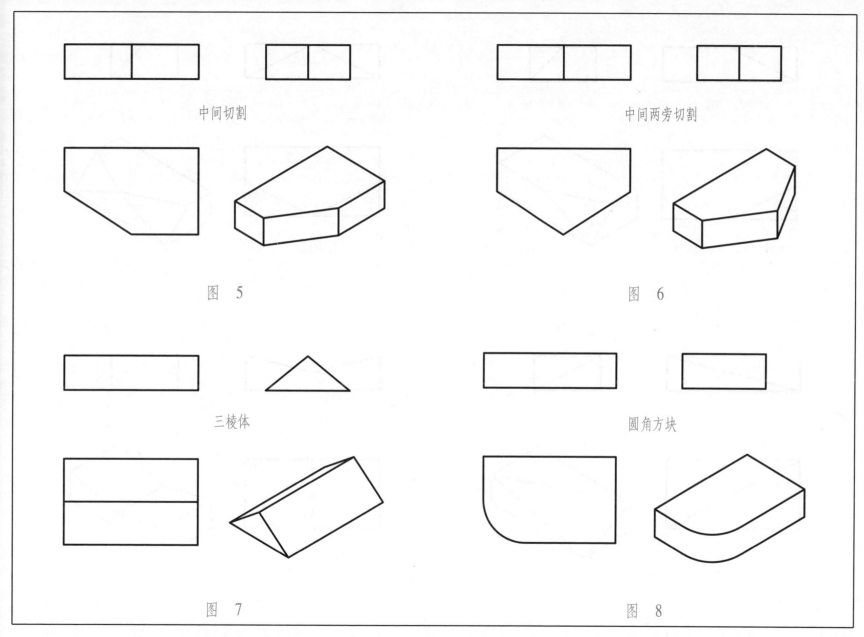

中间切割

中间两旁切割

图 5

图 6

三棱体

圆角方块

图 7

图 8

3

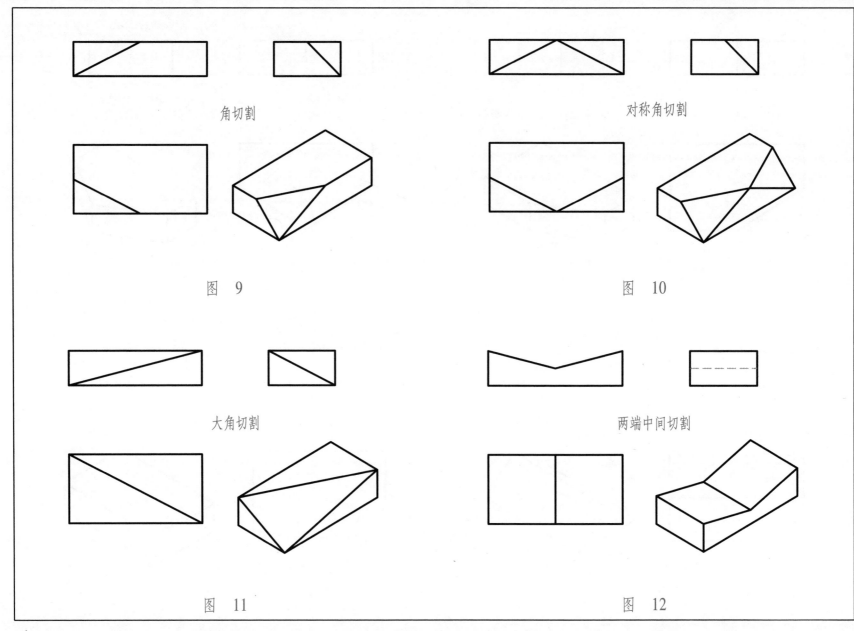

角切割

对称角切割

图 9

图 10

大角切割

两端中间切割

图 11

图 12

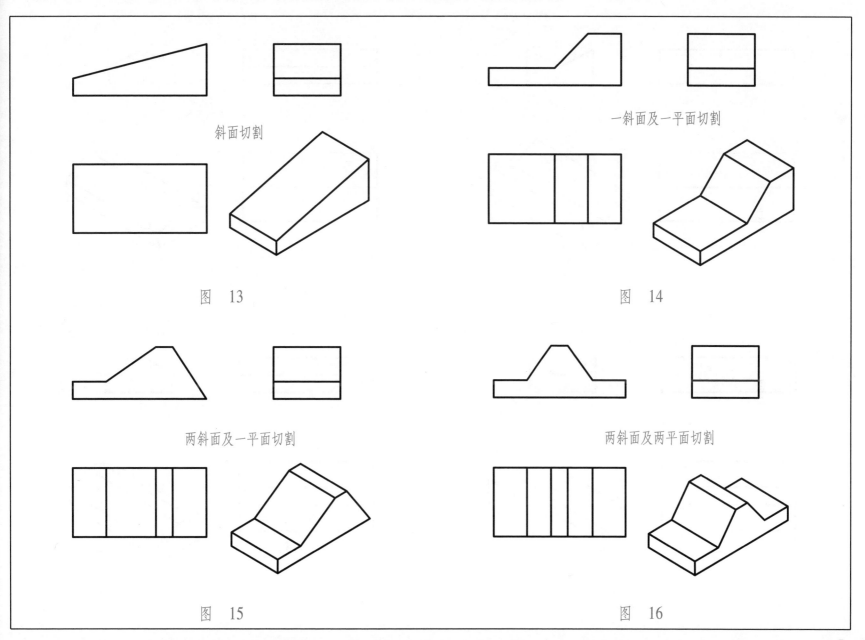

斜面切割

一斜面及一平面切割

图 13

图 14

两斜面及一平面切割

两斜面及两平面切割

图 15

图 16

5

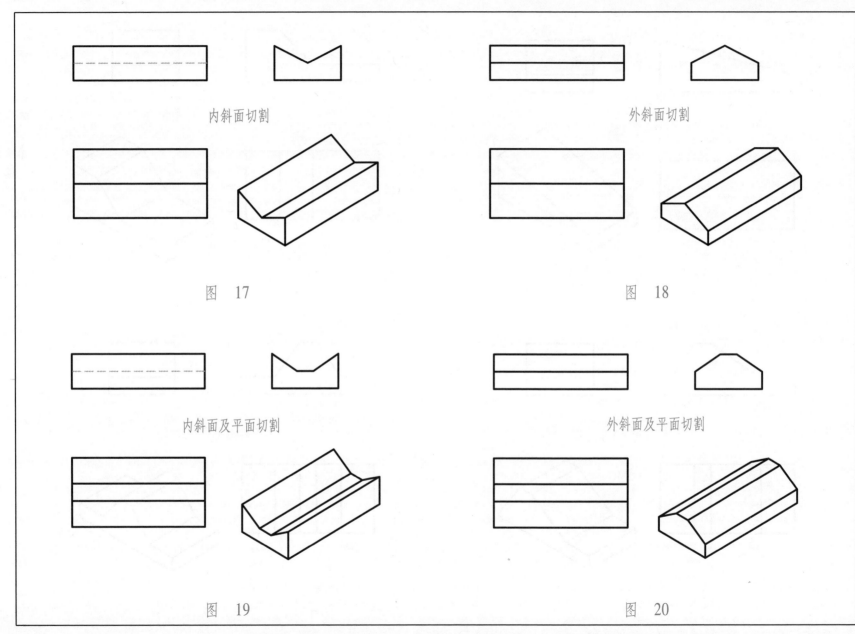

内斜面切割

外斜面切割

图　17

图　18

内斜面及平面切割

外斜面及平面切割

图　19

图　20

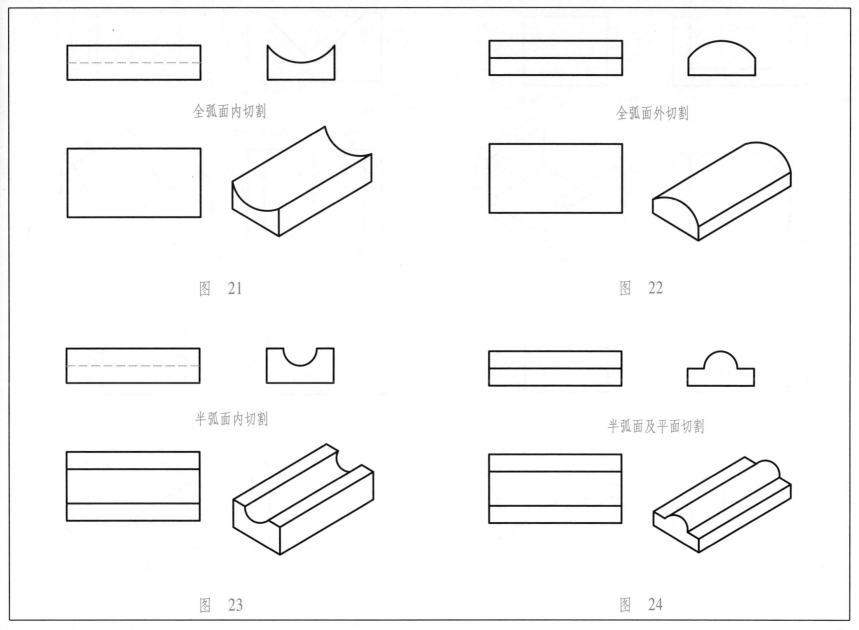

全弧面内切割

全弧面外切割

图 21

图 22

半弧面内切割

半弧面及平面切割

图 23

图 24

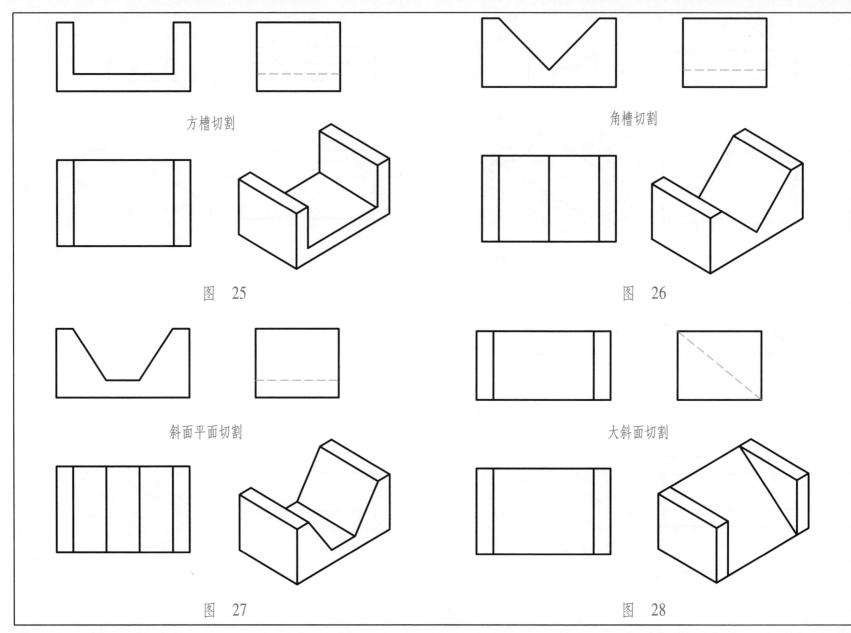

方槽切割

角槽切割

图 25

图 26

斜面平面切割

大斜面切割

图 27

图 28

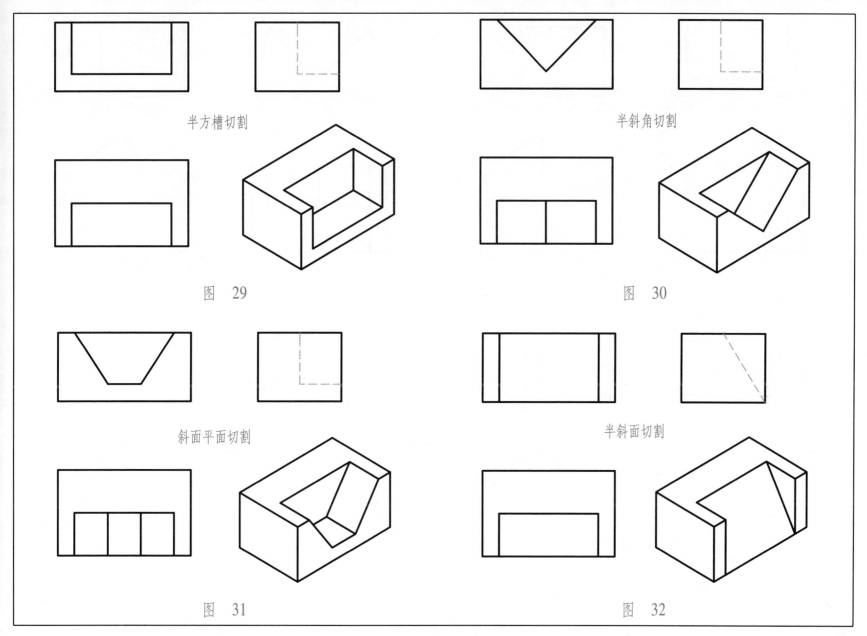

半方槽切割

半斜角切割

图 29

图 30

斜面平面切割

半斜面切割

图 31

图 32

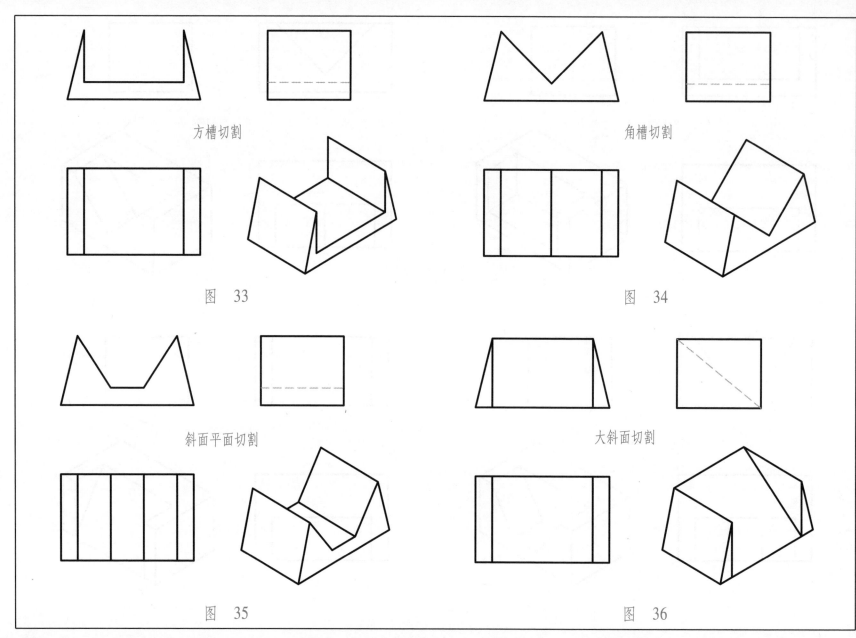

方槽切割

角槽切割

图 33

图 34

斜面平面切割

大斜面切割

图 35

图 36

10

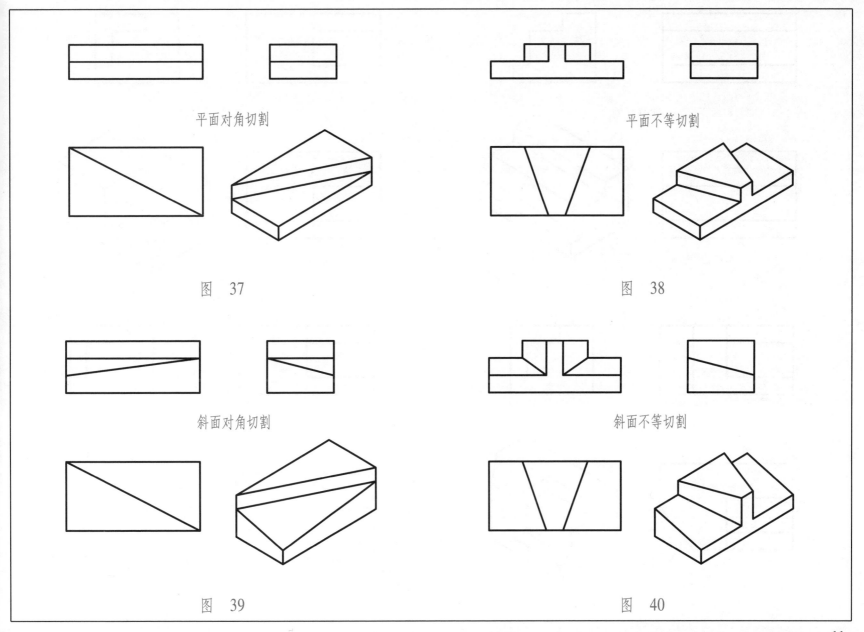

平面对角切割

平面不等切割

图 37

图 38

斜面对角切割

斜面不等切割

图 39

图 40

11

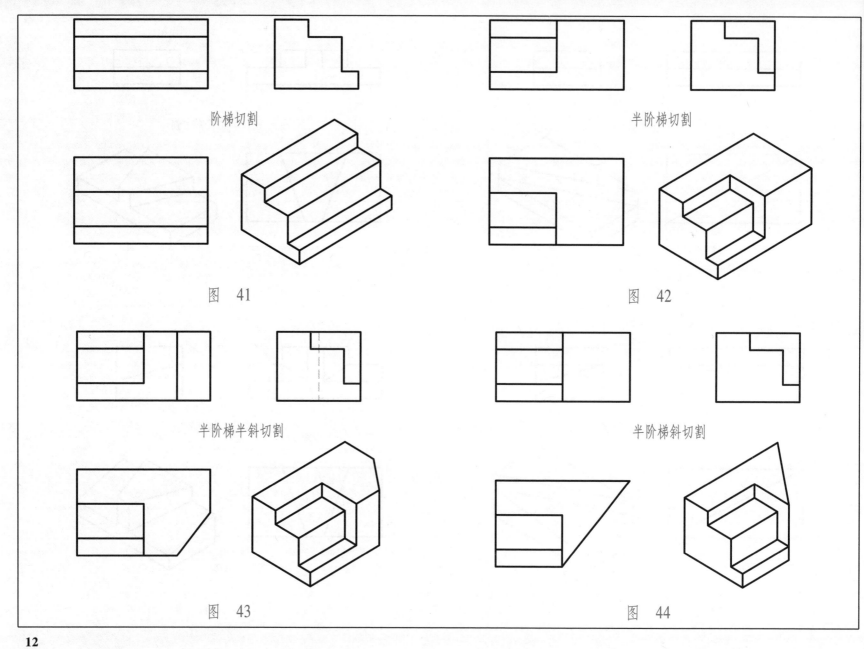

阶梯切割

半阶梯切割

图 41

图 42

半阶梯半斜切割

半阶梯斜切割

图 43

图 44

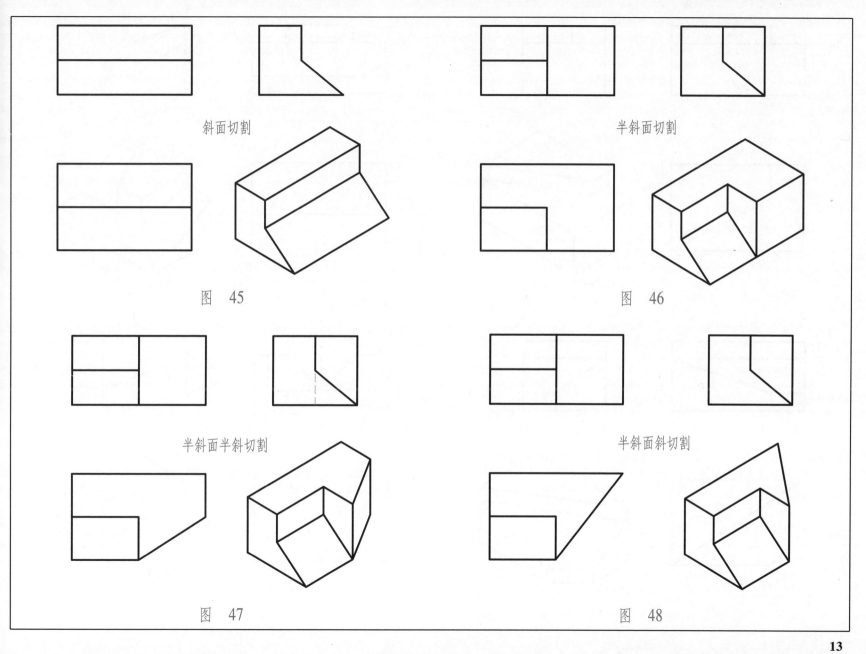

斜面切割

图 45

半斜面切割

图 46

半斜面半斜切割

图 47

半斜面斜切割

图 48

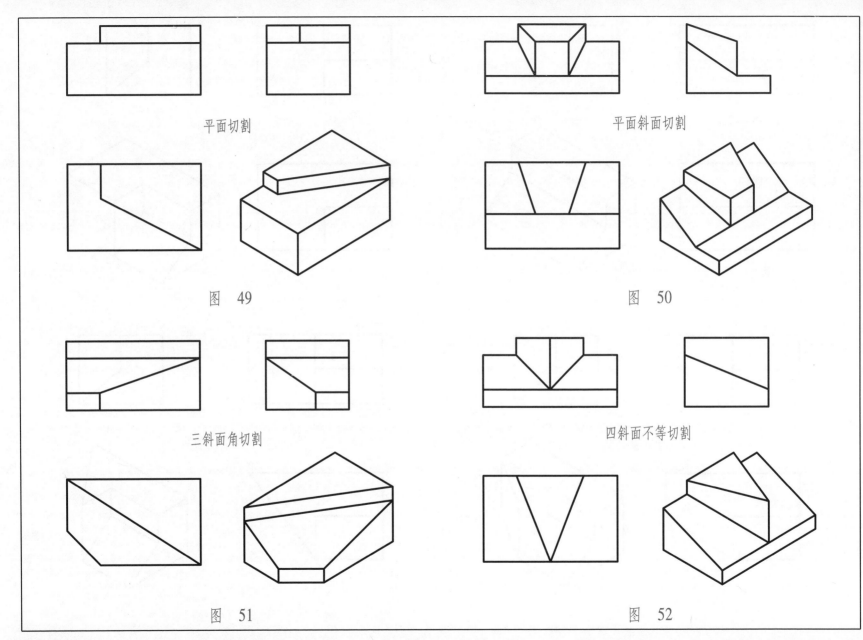

平面切割

平面斜面切割

图 49

图 50

三斜面角切割

四斜面不等切割

图 51

图 52

14

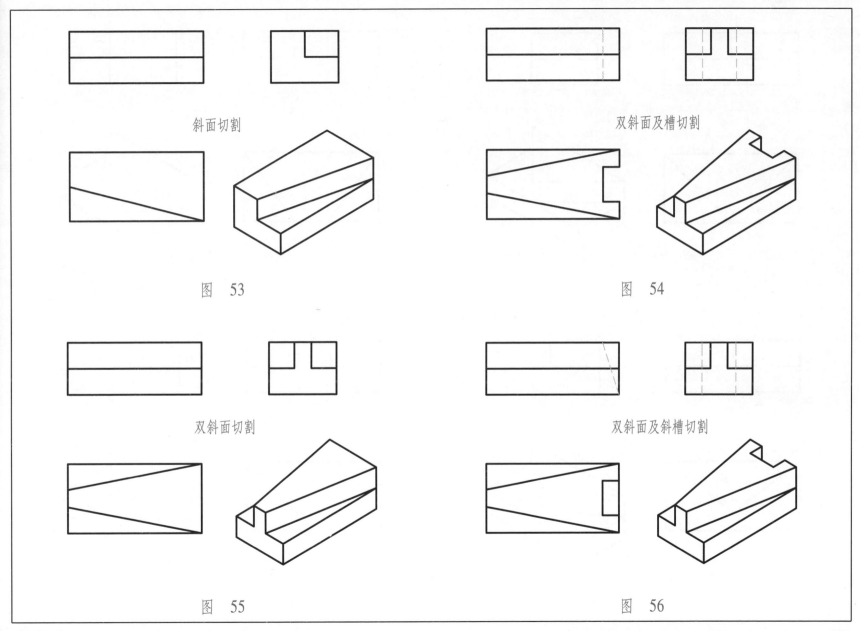

斜面切割

双斜面及槽切割

图　53

图　54

双斜面切割

双斜面及斜槽切割

图　55

图　56

15

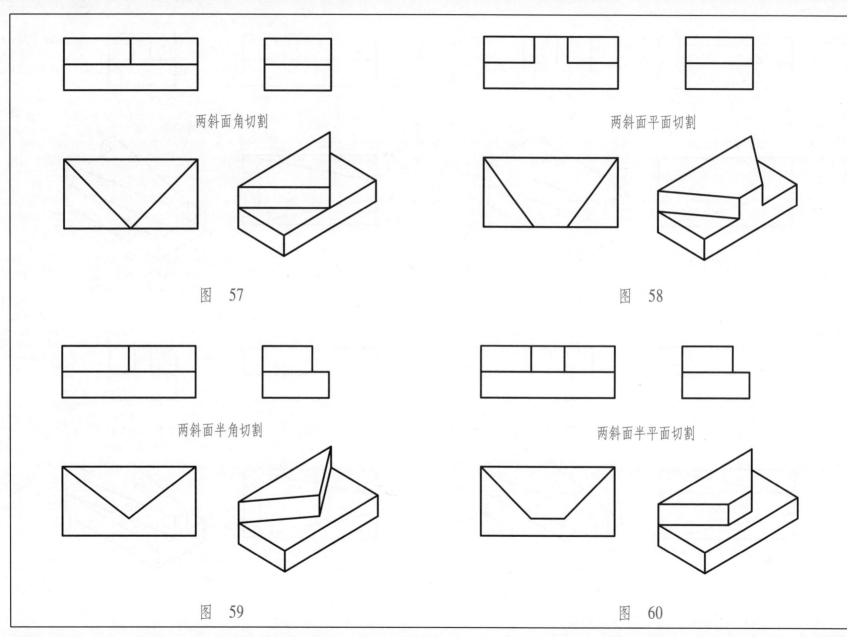

两斜面角切割

两斜面平面切割

图　57

图　58

两斜面半角切割

两斜面半平面切割

图　59

图　60

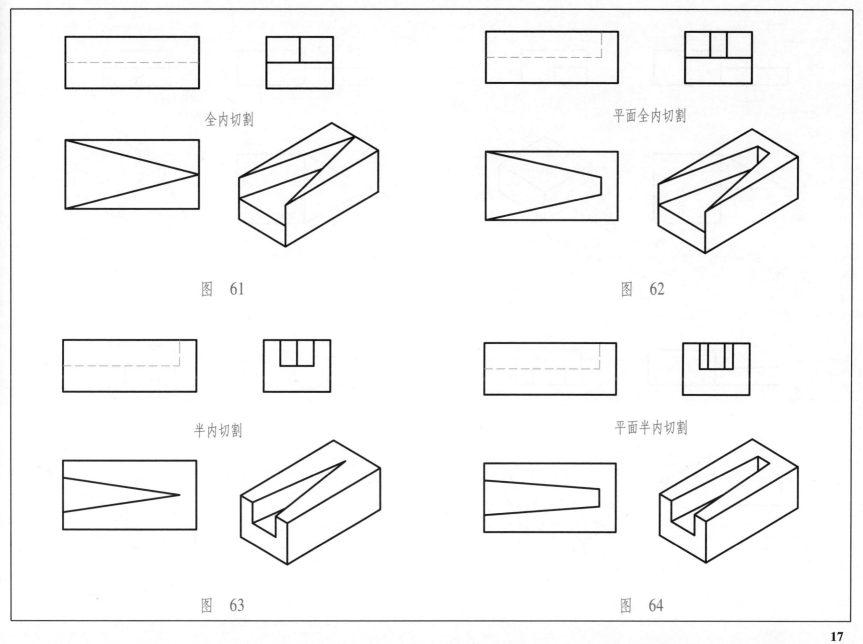

全内切割

平面全内切割

图　61

图　62

半内切割

平面半内切割

图　63

图　64

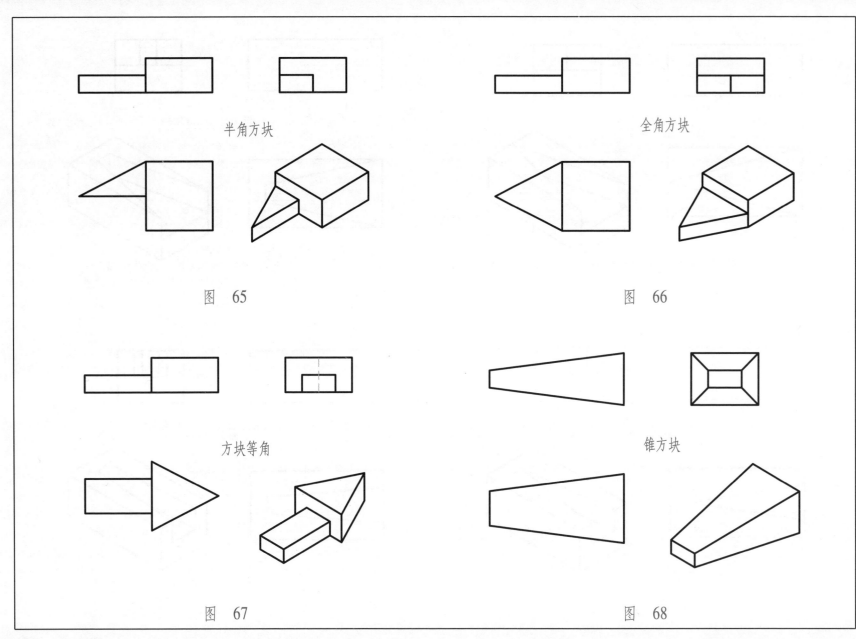

半角方块

全角方块

图 65

图 66

方块等角

锥方块

图 67

图 68

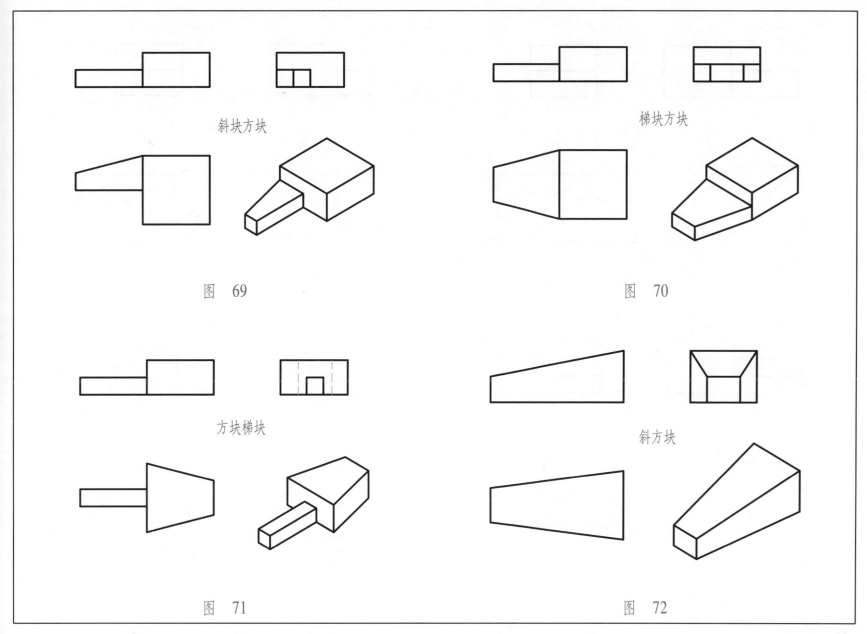

斜块方块

梯块方块

图 69

图 70

方块梯块

斜方块

图 71

图 72

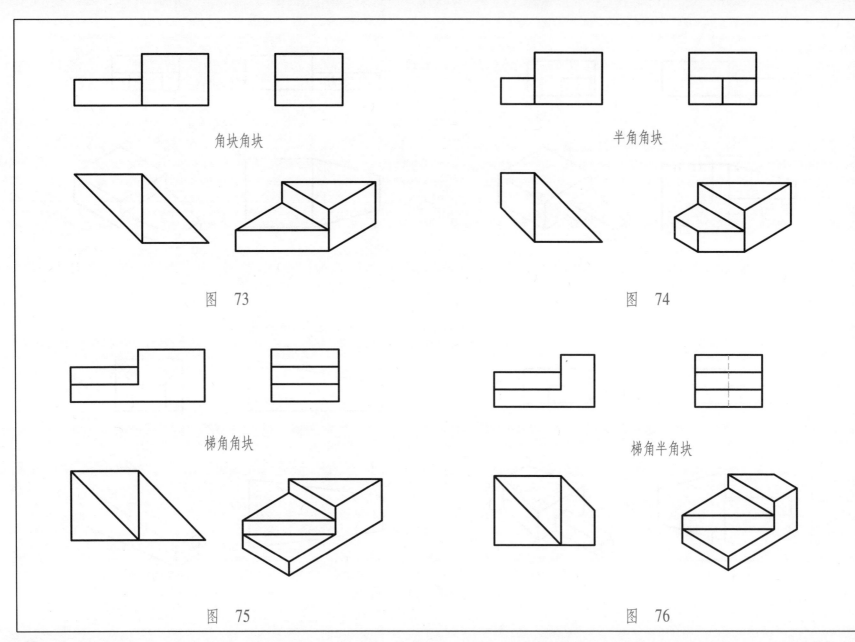

角块角块

半角角块

图　73

图　74

梯角角块

梯角半角块

图　75

图　76

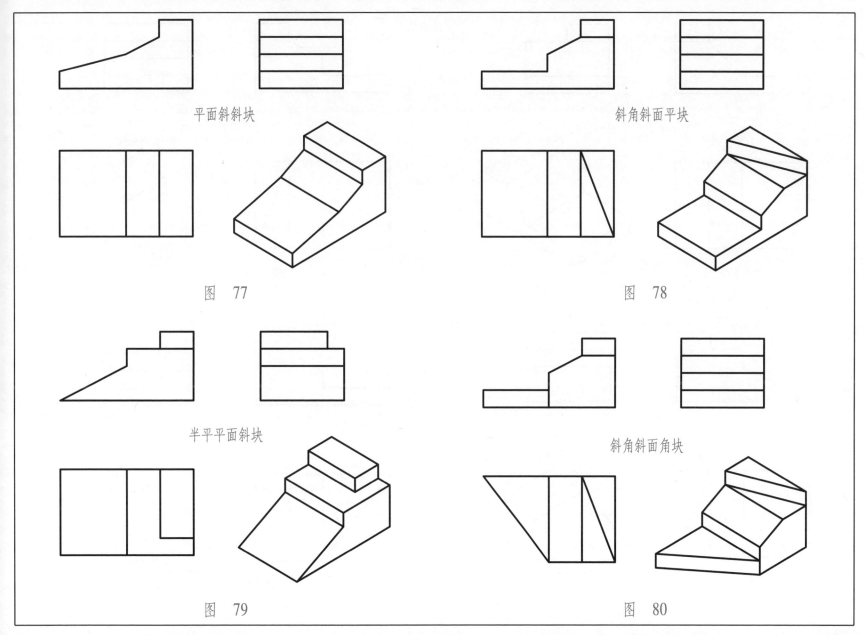

平面斜斜块

斜角斜面平块

图　77

图　78

半平平面斜块

斜角斜面角块

图　79

图　80

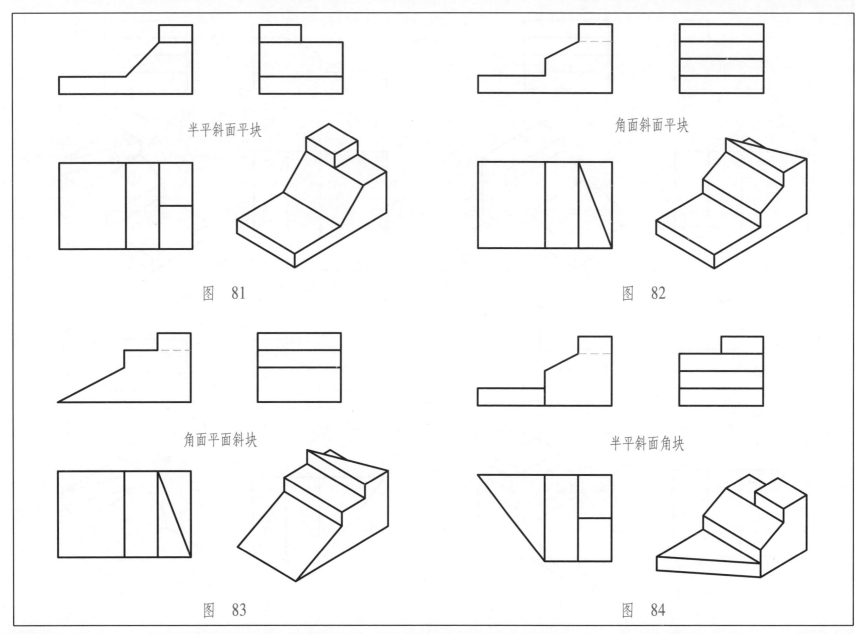

半平斜面平块

图 81

角面斜面平块

图 82

角面平面斜块

图 83

半平斜面角块

图 84

22

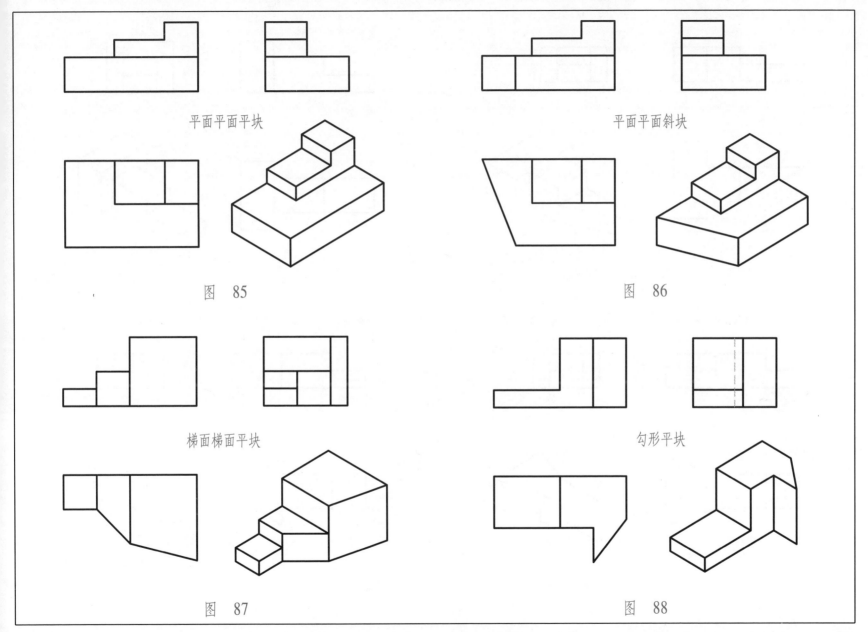

平面平面平块

平面平面斜块

图 85

图 86

梯面梯面平块

勾形平块

图 87

图 88

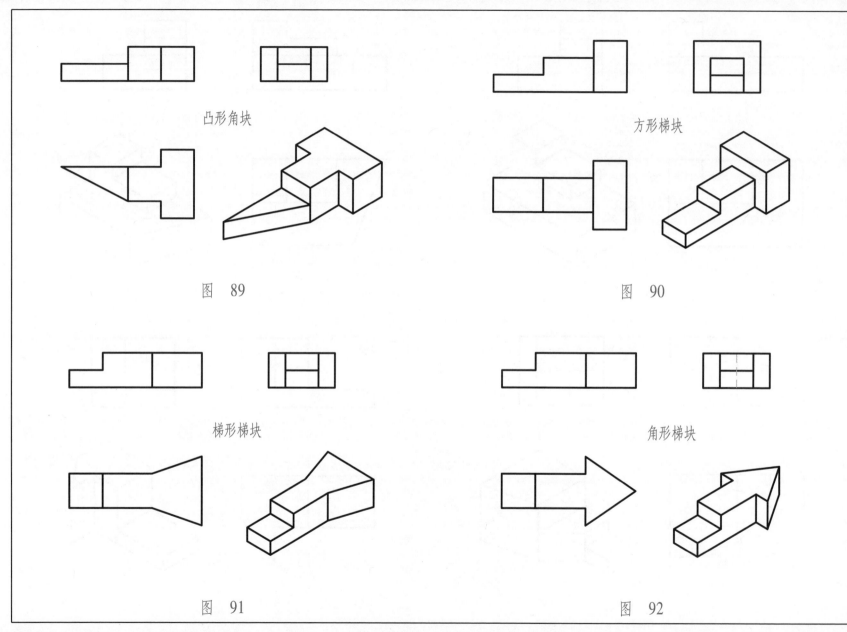

凸形角块

方形梯块

图 89

图 90

梯形梯块

角形梯块

图 91

图 92

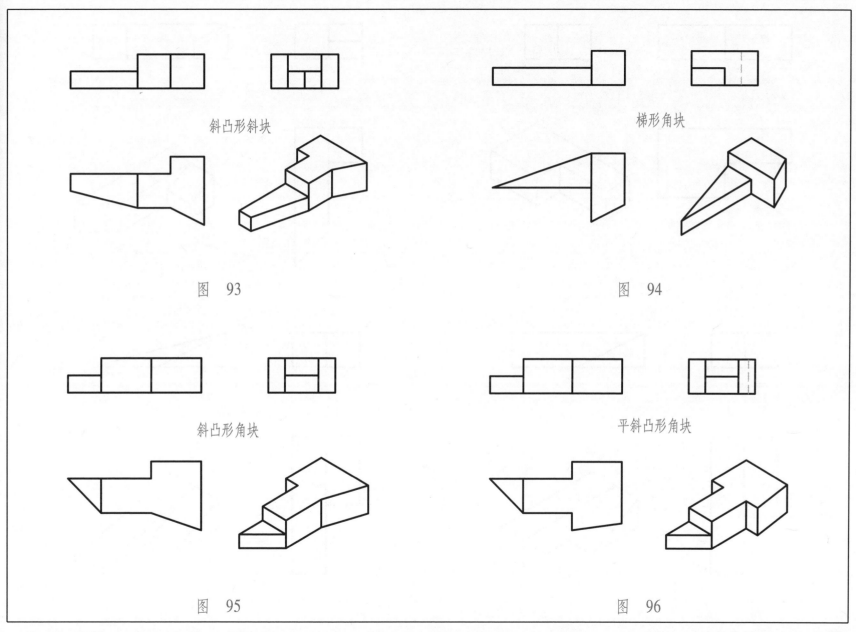

斜凸形斜块

梯形角块

图　93

图　94

斜凸形角块

平斜凸形角块

图　95

图　96

25

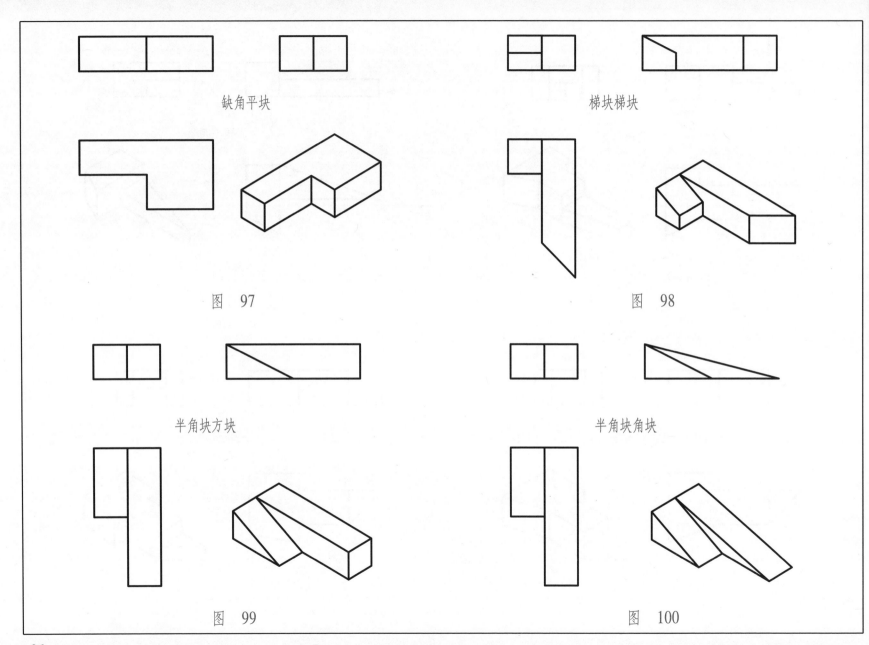

缺角平块

梯块梯块

图　97

图　98

半角块方块

半角块角块

图　99

图　100

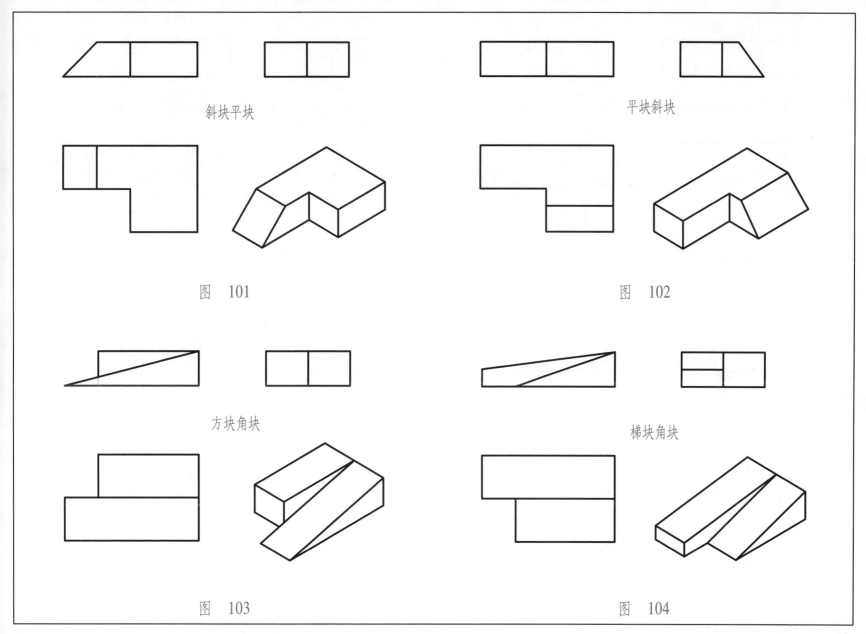

斜块平块

平块斜块

图 101

图 102

方块角块

梯块角块

图 103

图 104

27

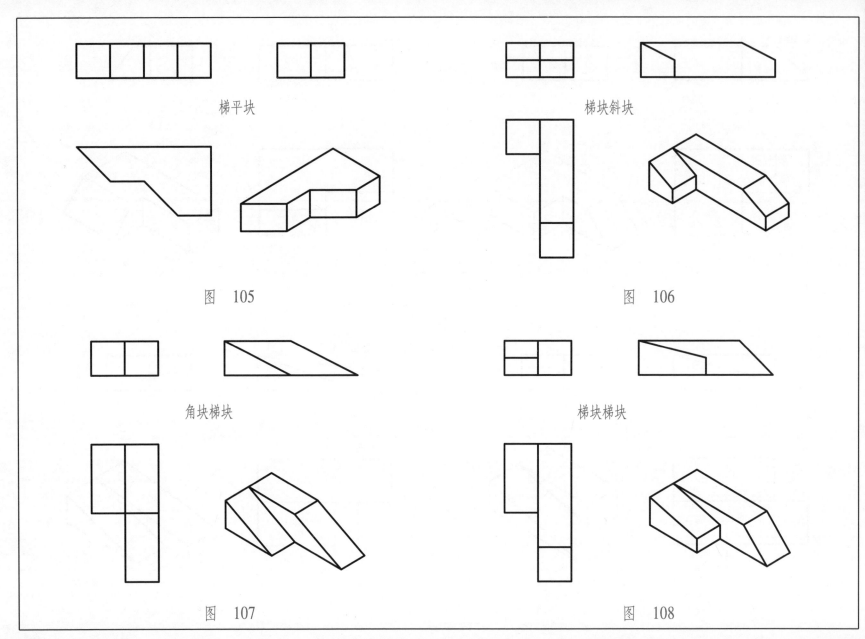

梯平块

图 105

梯块斜块

图 106

角块梯块

图 107

梯块梯块

图 108

28

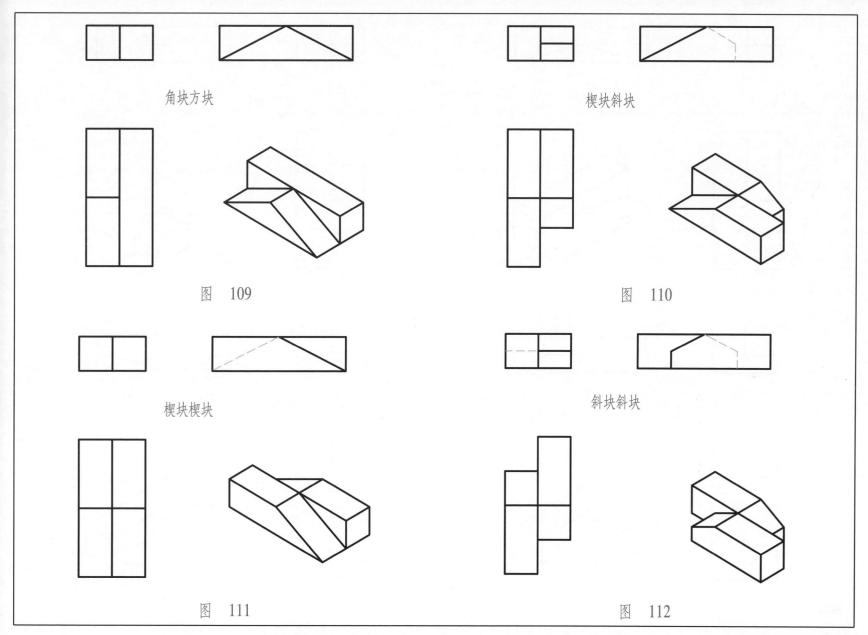

角块方块

楔块斜块

图　109

图　110

楔块楔块

斜块斜块

图　111

图　112

29

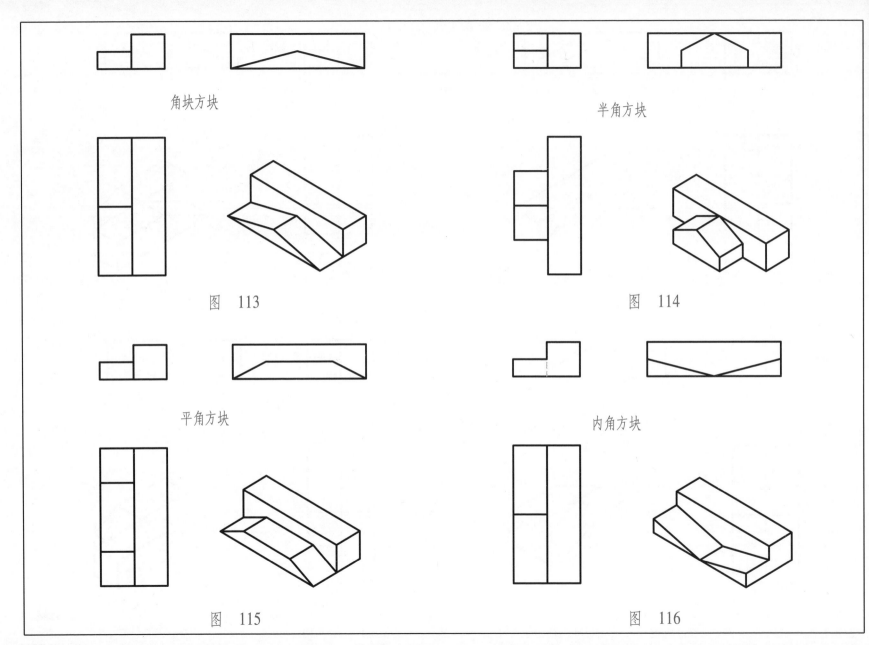

角块方块

半角方块

图　113

图　114

平角方块

内角方块

图　115

图　116

30

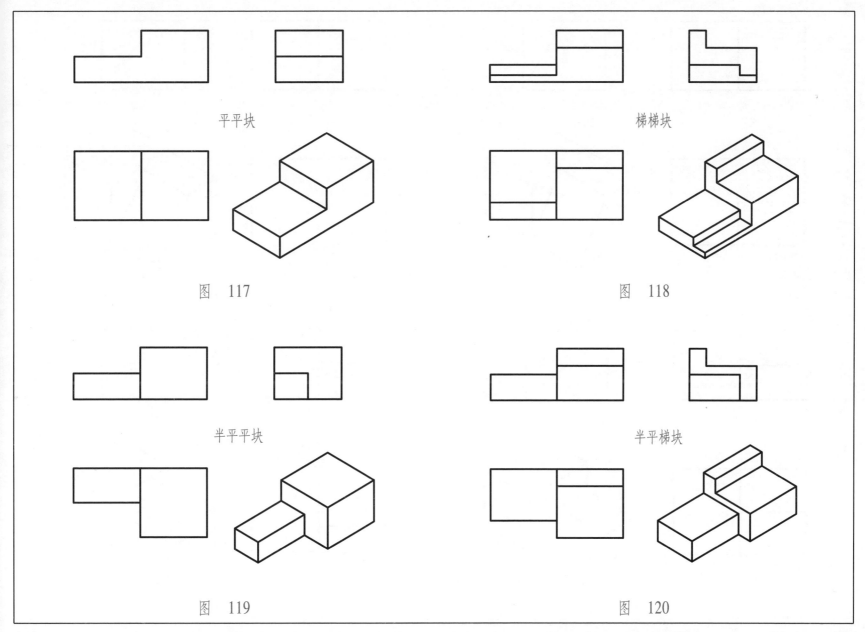

平平块

图 117

梯梯块

图 118

半平平块

图 119

半平梯块

图 120

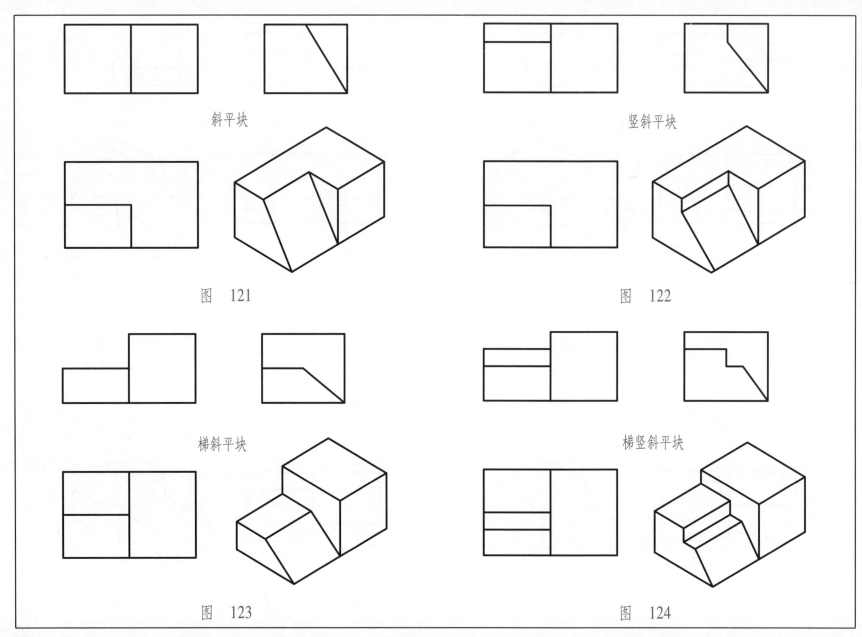

斜平块

竖斜平块

图 121

图 122

梯斜平块

梯竖斜平块

图 123

图 124

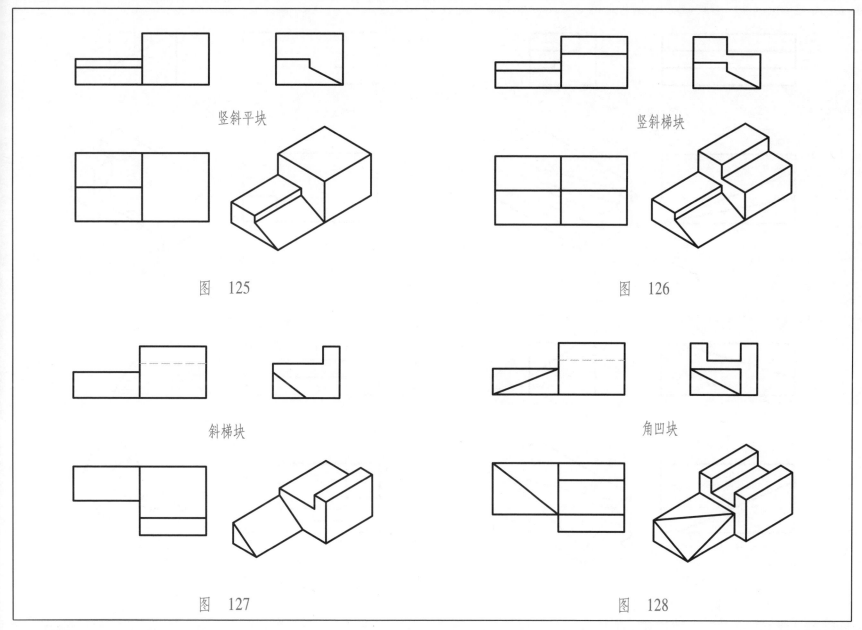

竖斜平块

竖斜梯块

图 125

图 126

斜梯块

角凹块

图 127

图 128

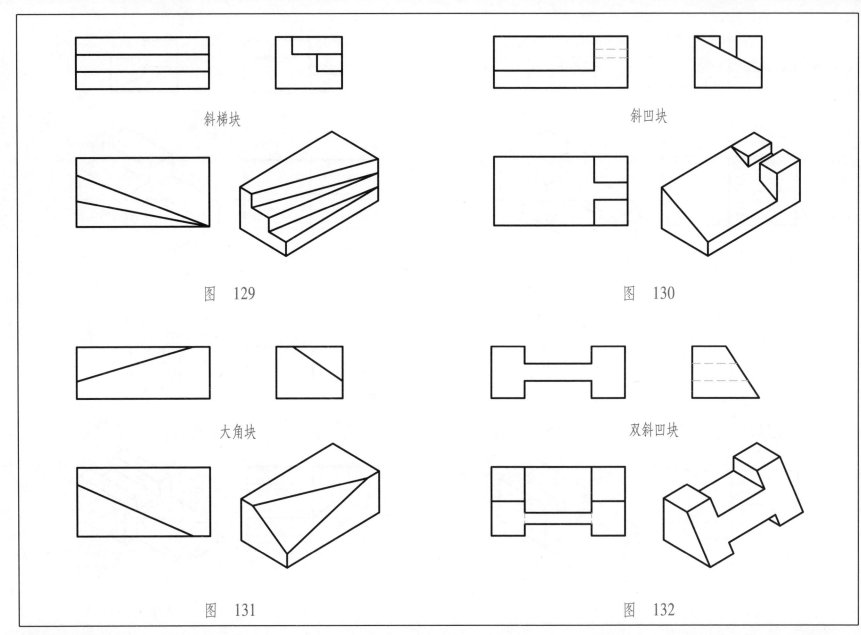

斜梯块

斜凹块

图　129

图　130

大角块

双斜凹块

图　131

图　132

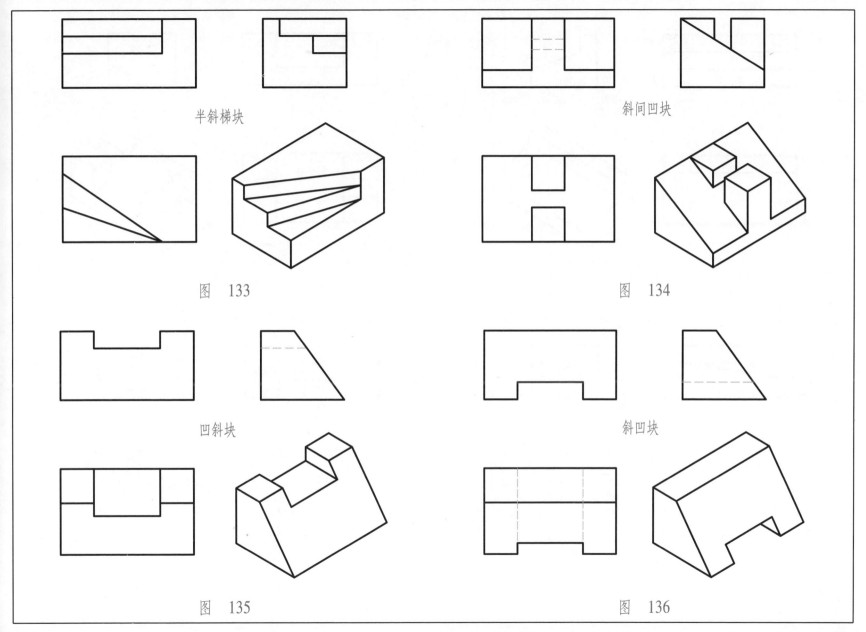

半斜梯块

图　133

斜间凹块

图　134

凹斜块

图　135

斜凹块

图　136

35

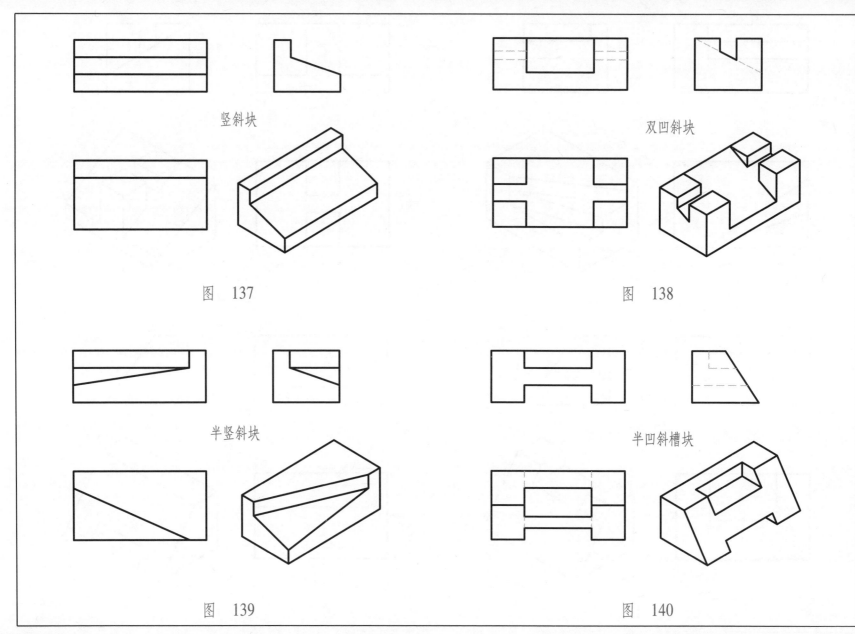

竖斜块

图　137

双凹斜块

图　138

半竖斜块

图　139

半凹斜槽块

图　140

36

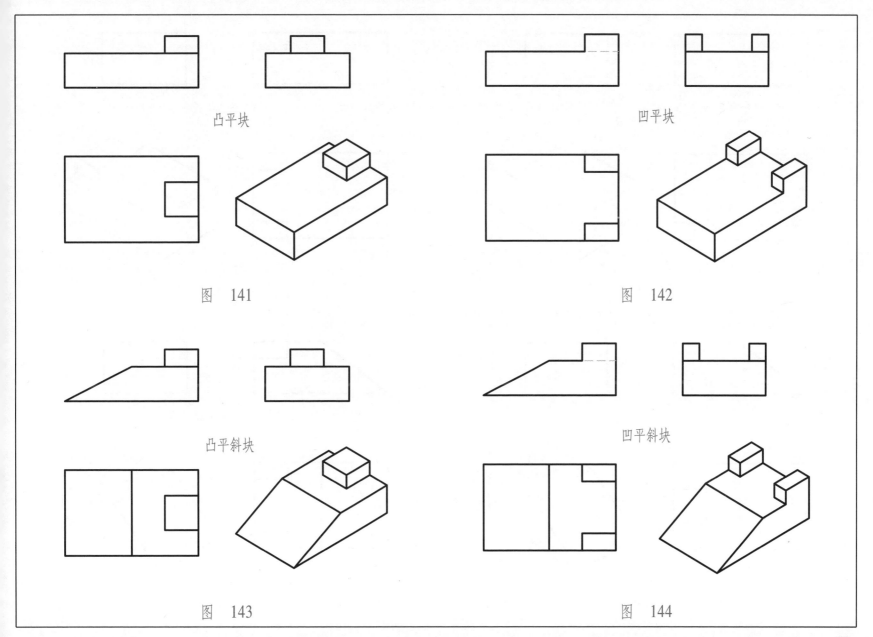

凸平块

凹平块

图 141

图 142

凸平斜块

凹平斜块

图 143

图 144

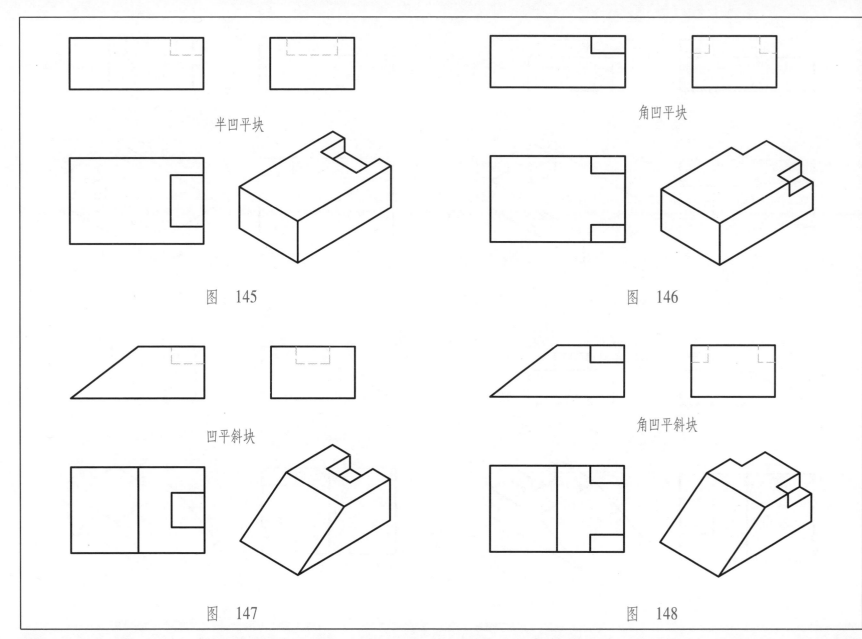

半凹平块

角凹平块

图 145

图 146

凹平斜块

角凹平斜块

图 147

图 148

38

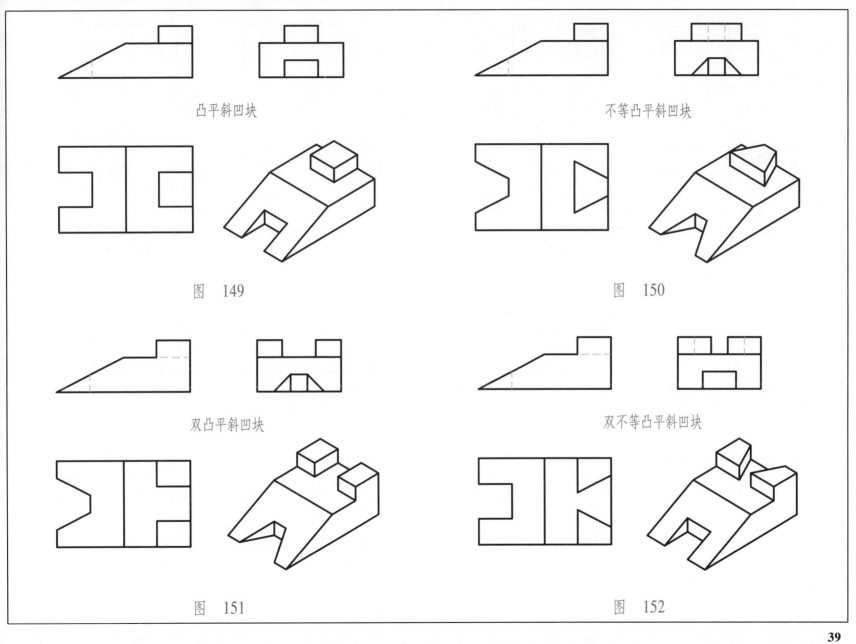

凸平斜凹块

不等凸平斜凹块

图　149

图　150

双凸平斜凹块

双不等凸平斜凹块

图　151

图　152

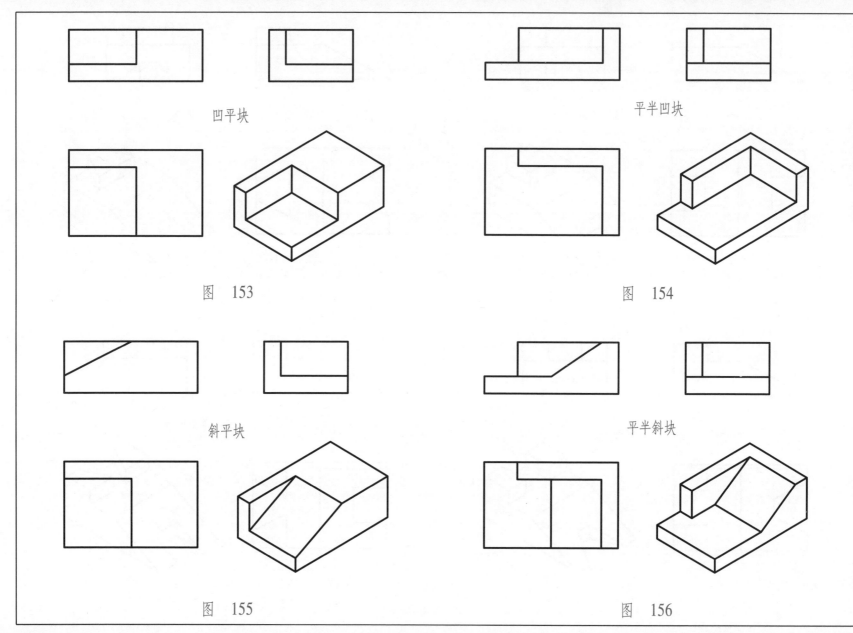

凹平块

平半凹块

图 153

图 154

斜平块

平半斜块

图 155

图 156

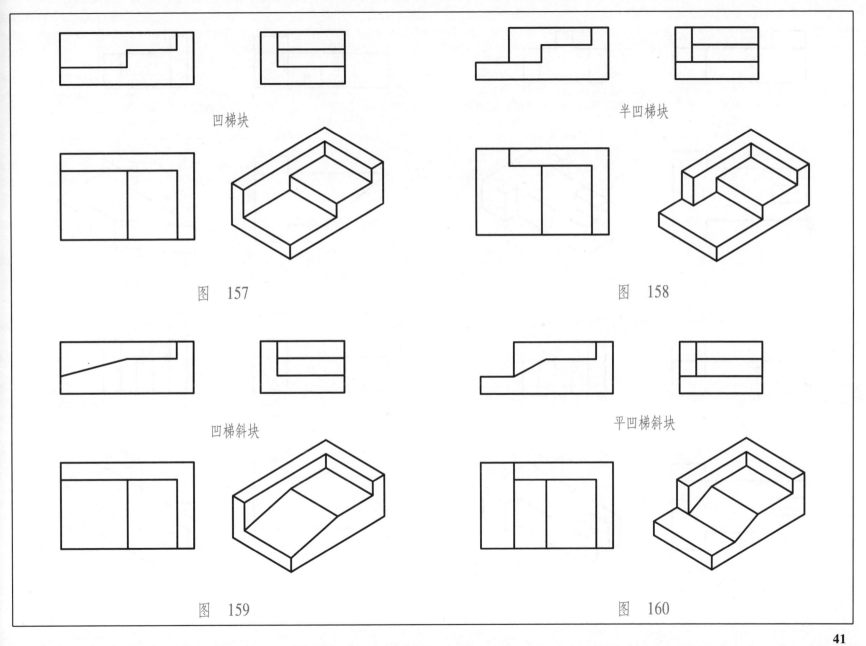

凹梯块

半凹梯块

图 157

图 158

凹梯斜块

平凹梯斜块

图 159

图 160

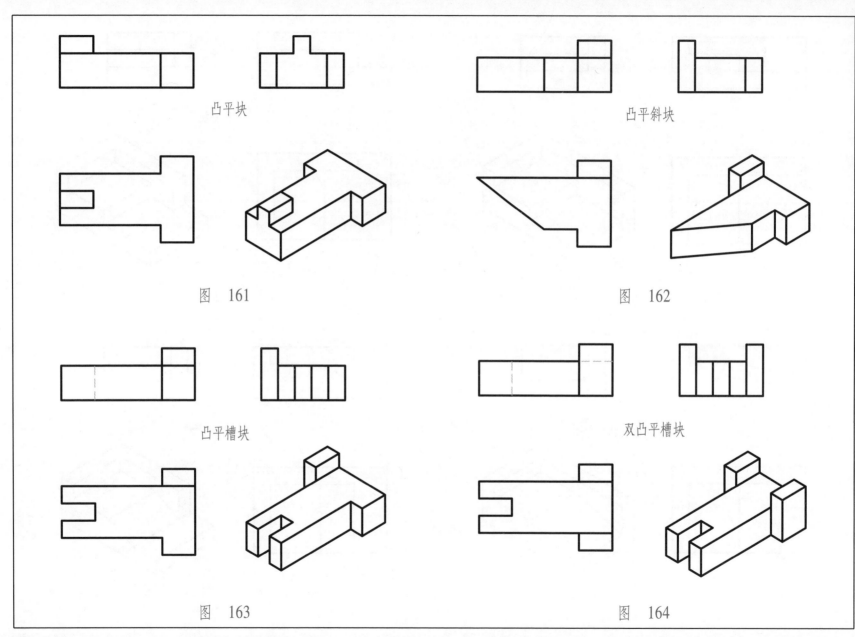

凸平块

凸平斜块

图 161

图 162

凸平槽块

双凸平槽块

图 163

图 164

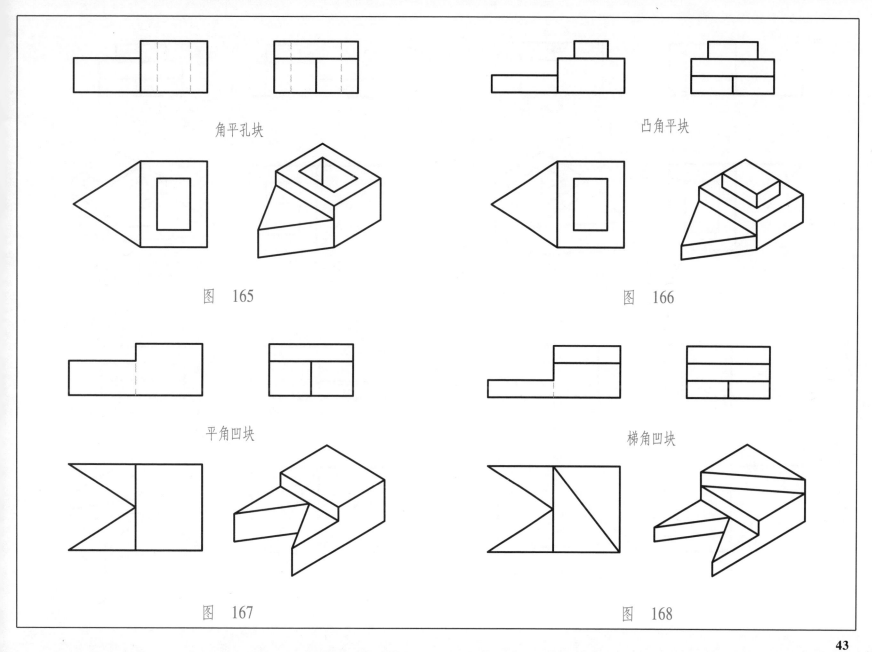

角平孔块

图　165

凸角平块

图　166

平角凹块

图　167

梯角凹块

图　168

43

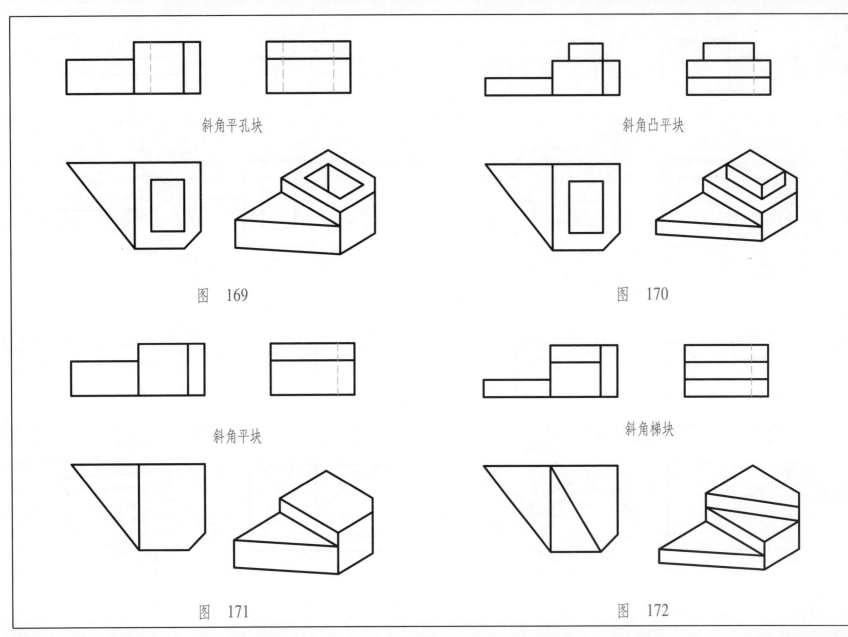

斜角平孔块

斜角凸平块

图　169

图　170

斜角平块

斜角梯块

图　171

图　172

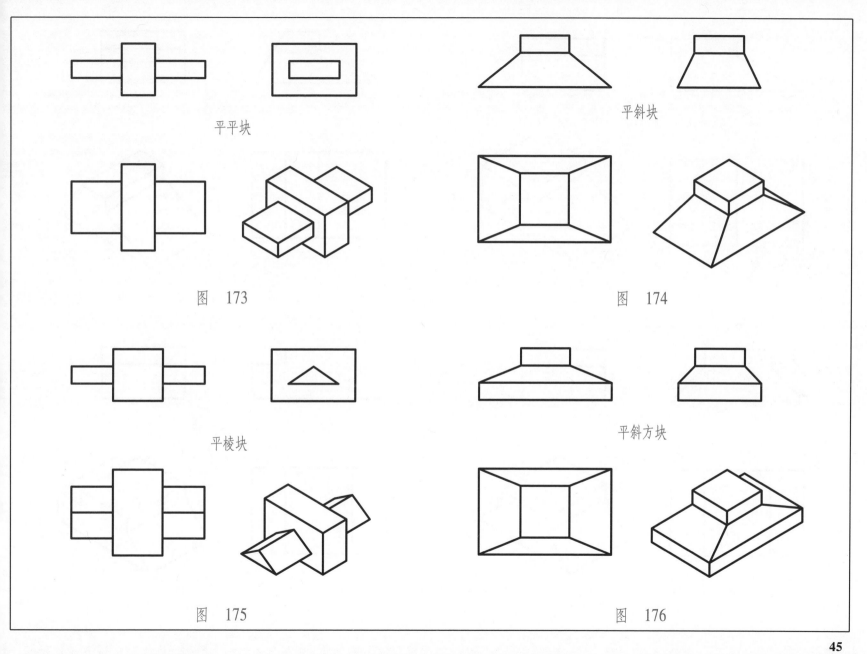

平平块

平斜块

图　173

图　174

平棱块

平斜方块

图　175

图　176

45

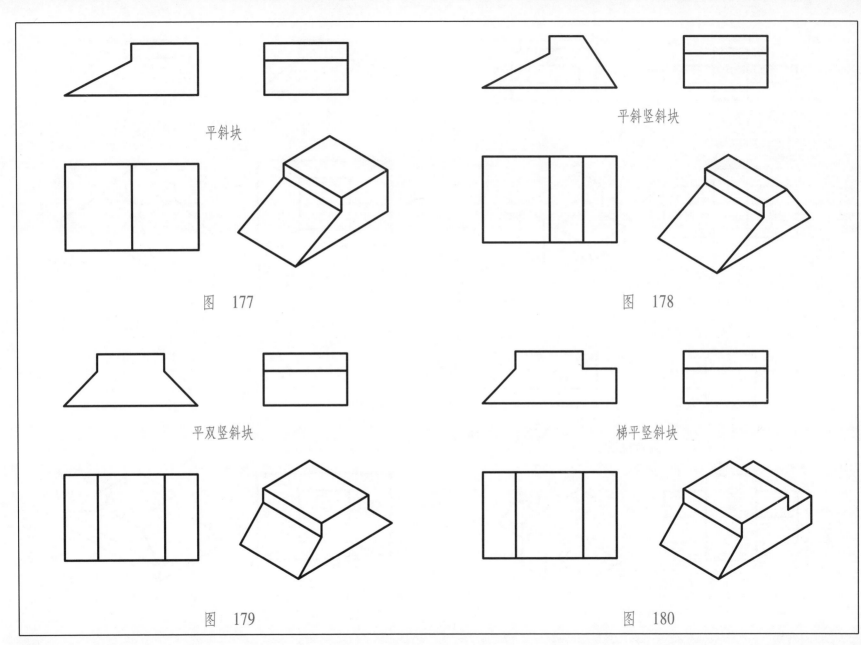

平斜块

平斜竖斜块

图　177

图　178

平双竖斜块

梯平竖斜块

图　179

图　180

46

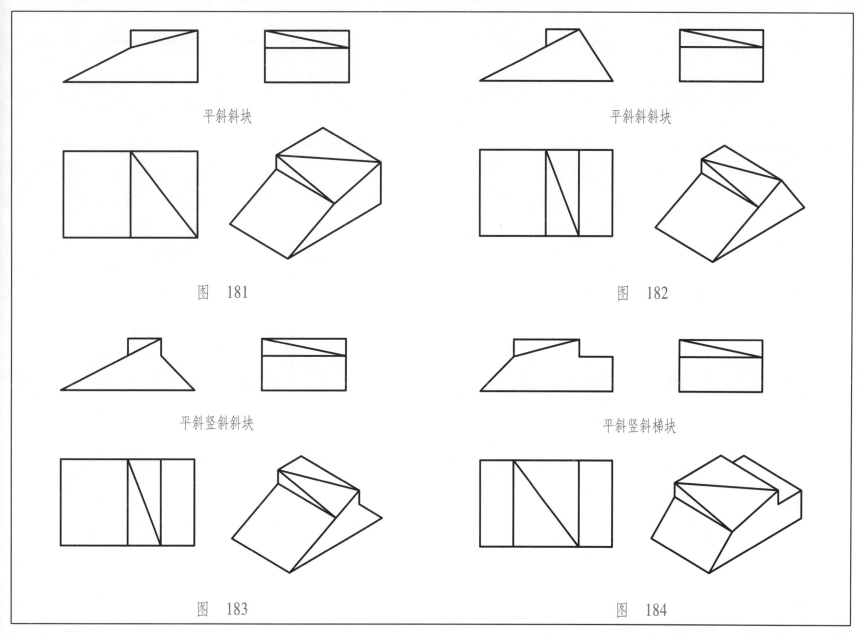

平斜斜块

平斜斜斜块

图　181

图　182

平斜竖斜斜块

平斜竖斜梯块

图　183

图　184

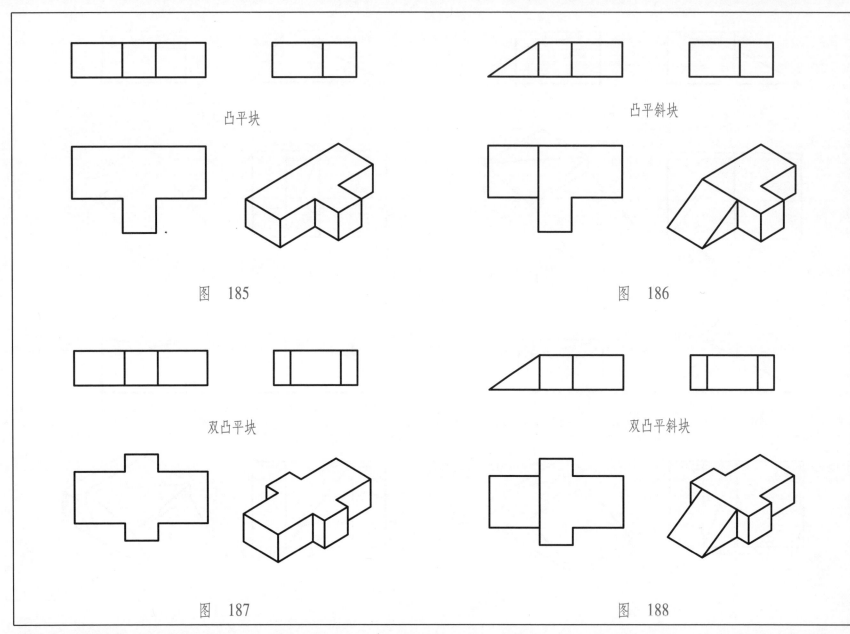

凸平块

凸平斜块

图 185

图 186

双凸平块

双凸平斜块

图 187

图 188

48

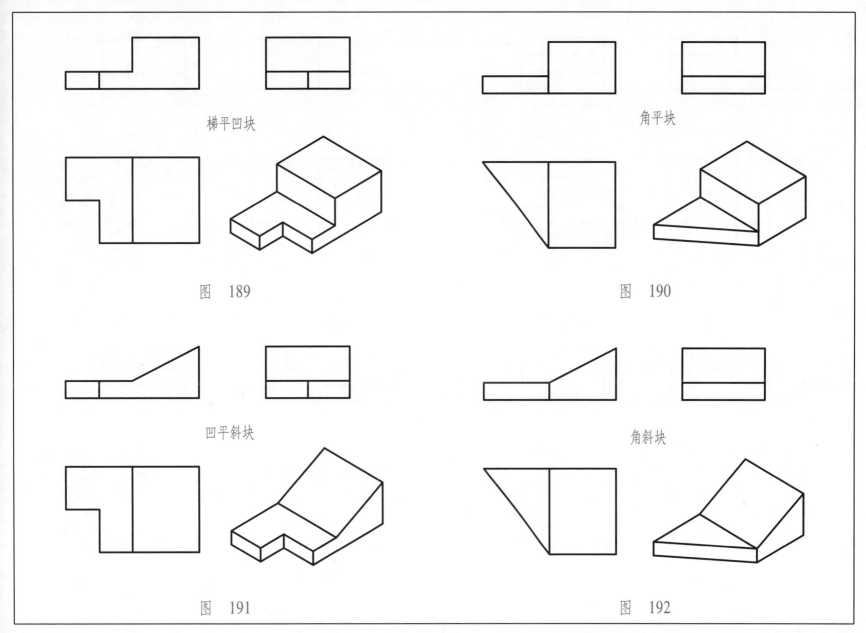

梯平凹块

角平块

图　189

图　190

凹平斜块

角斜块

图　191

图　192

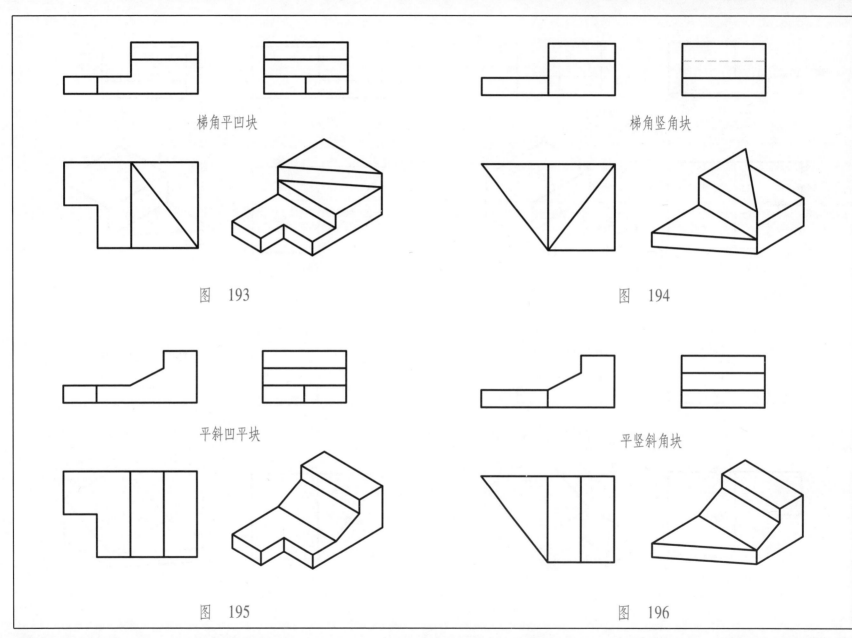

梯角平凹块

梯角竖角块

图 193

图 194

平斜凹平块

平竖斜角块

图 195

图 196

50

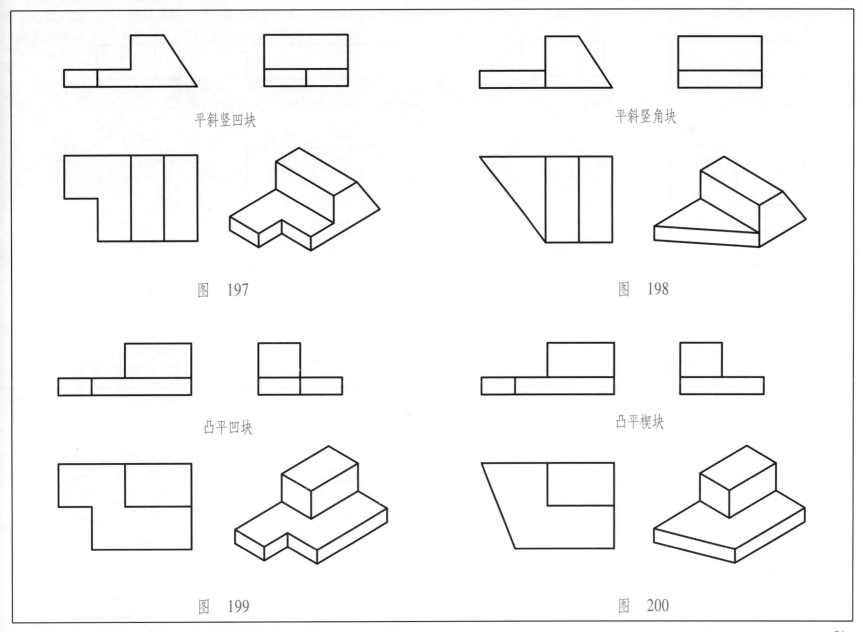

平斜竖凹块

平斜竖角块

图　197

图　198

凸平凹块

凸平楔块

图　199

图　200

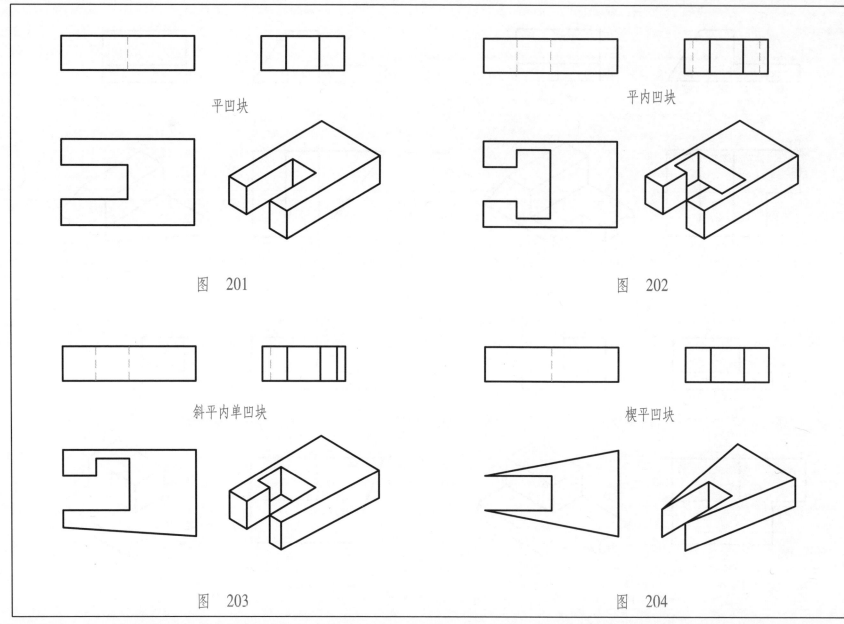

平凹块

平内凹块

图 201

图 202

斜平内单凹块

楔平凹块

图 203

图 204

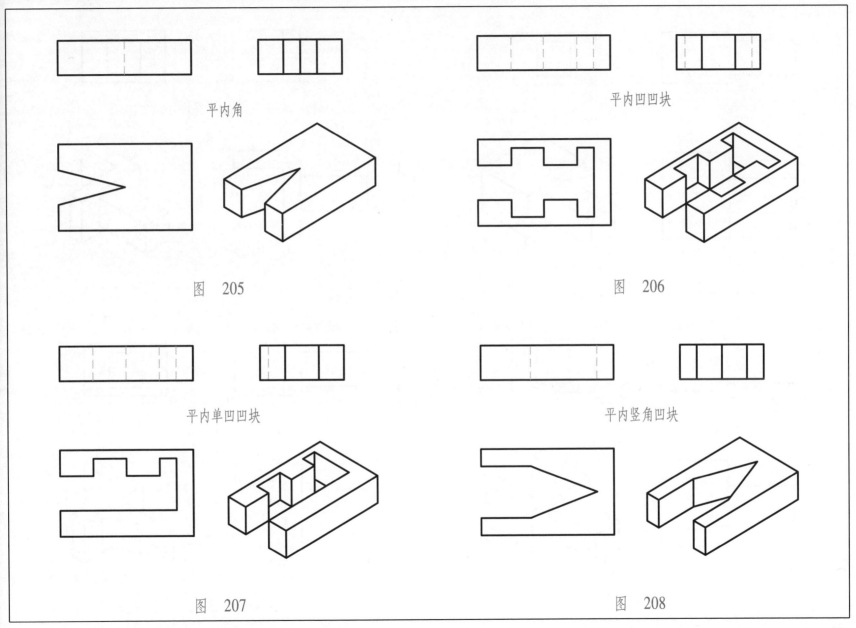

平内角

平内凹凹块

图 205

图 206

平内单凹凹块

平内竖角凹块

图 207

图 208

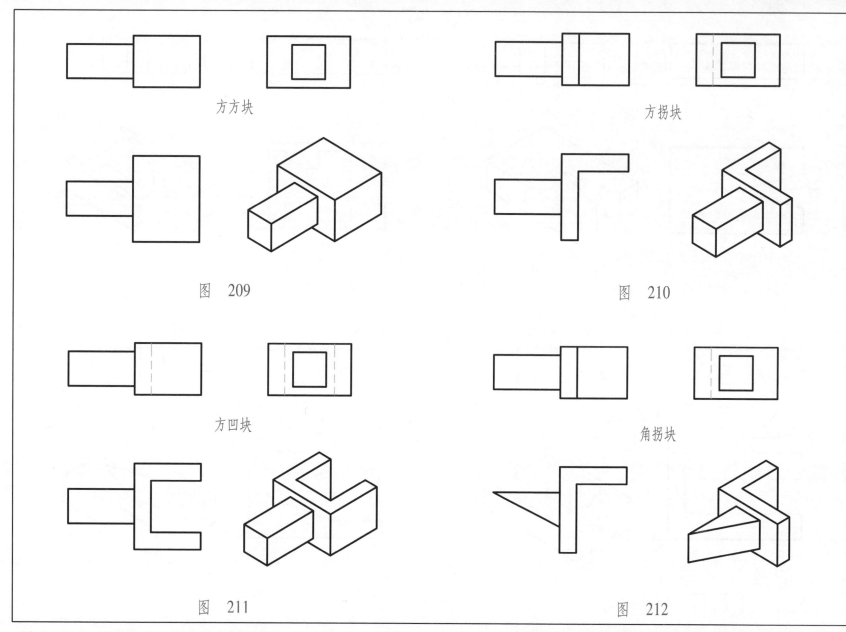

方方块

方拐块

图 209

图 210

方凹块

角拐块

图 211

图 212

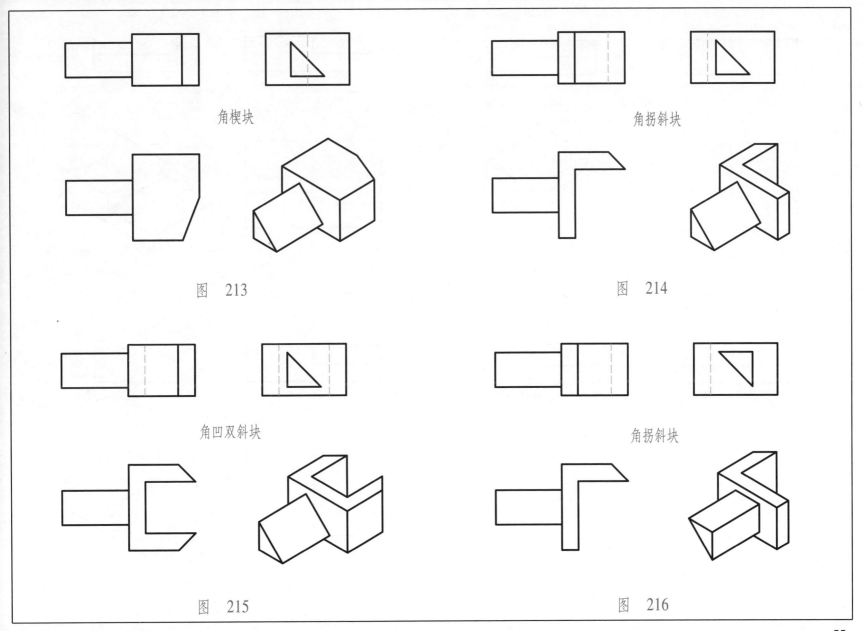

角楔块

角拐斜块

图　213

图　214

角凹双斜块

角拐斜块

图　215

图　216

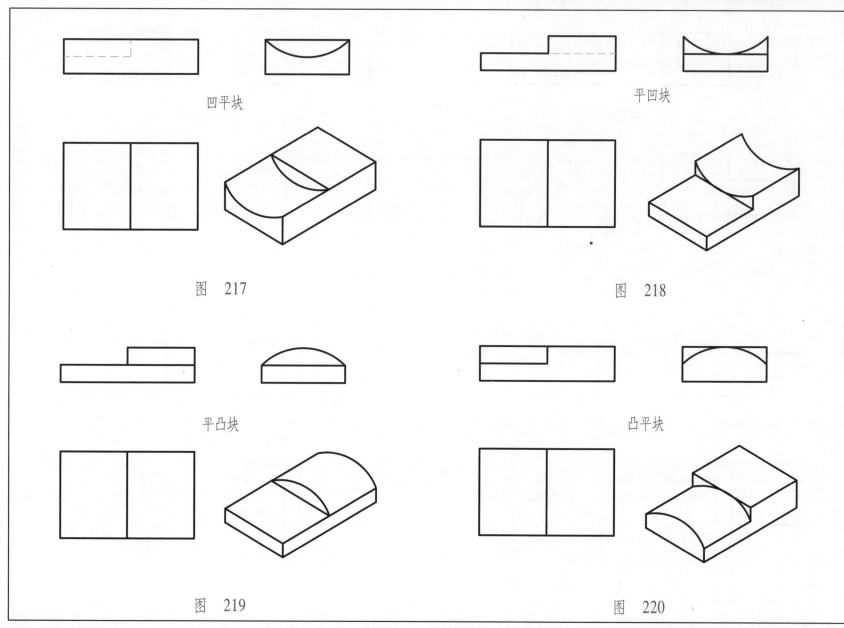

凹平块

平凹块

图　217

图　218

平凸块

凸平块

图　219

图　220

56

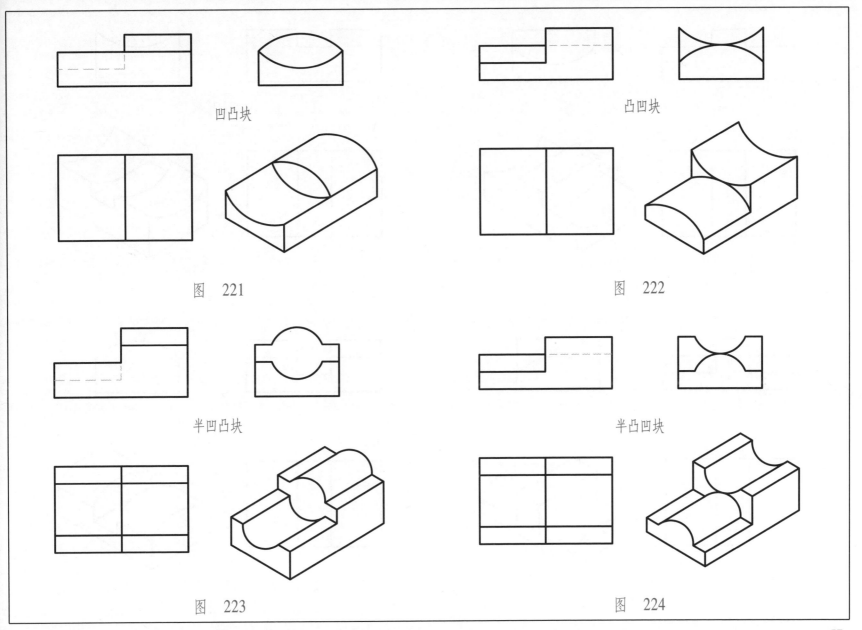

凹凸块

凸凹块

图　221

图　222

半凹凸块

半凸凹块

图　223

图　224

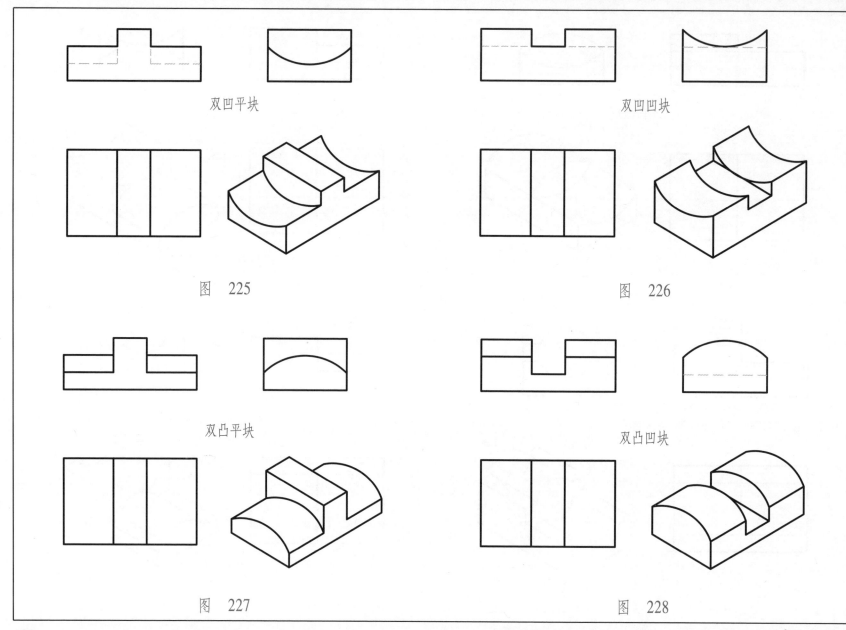

双凹平块

双凹凹块

图　225

图　226

双凸平块

双凸凹块

图　227

图　228

58

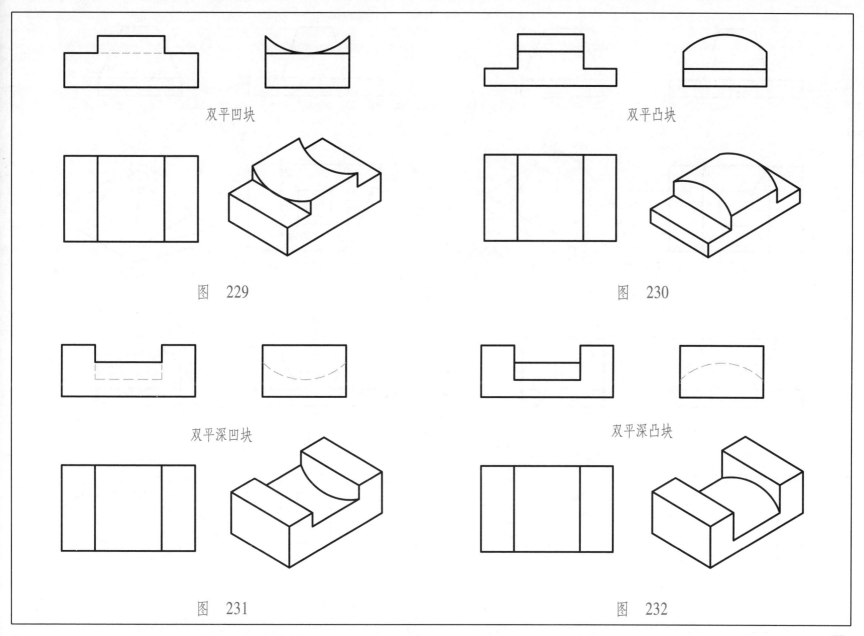

双平凹块

双平凸块

图　229

图　230

双平深凹块

双平深凸块

图　231

图　232

59

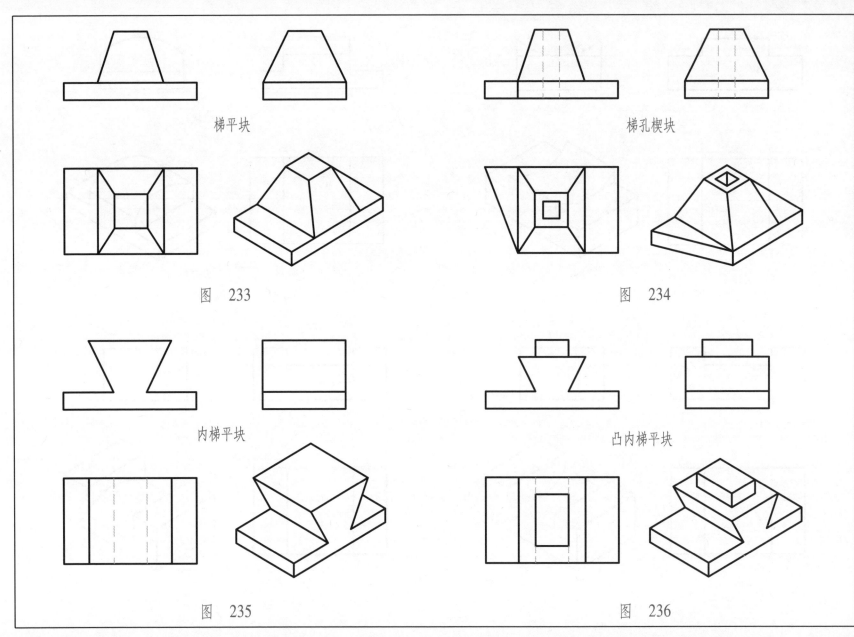

梯平块

梯孔楔块

图 233

图 234

内梯平块

凸内梯平块

图 235

图 236

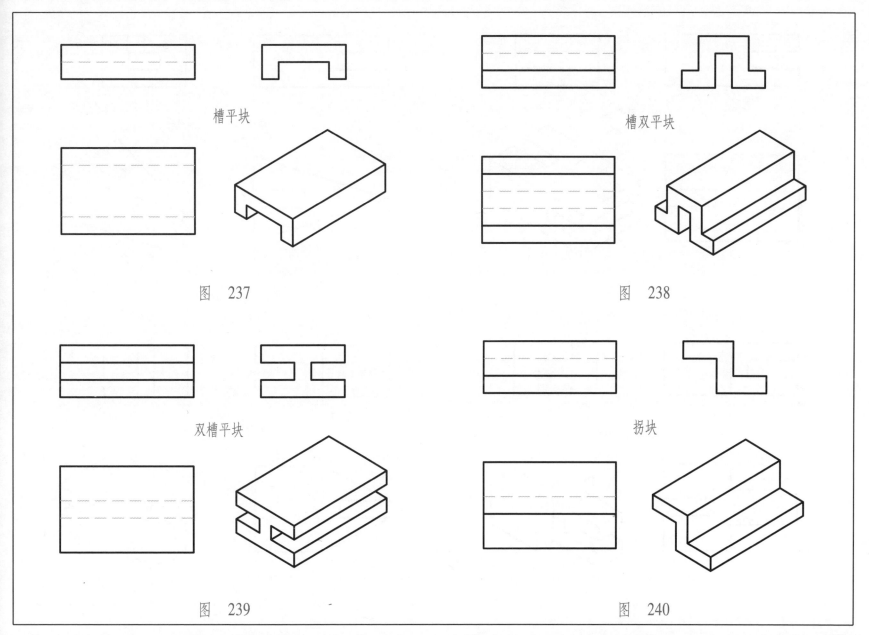

槽平块

图 237

槽双平块

图 238

双槽平块

图 239

拐块

图 240

61

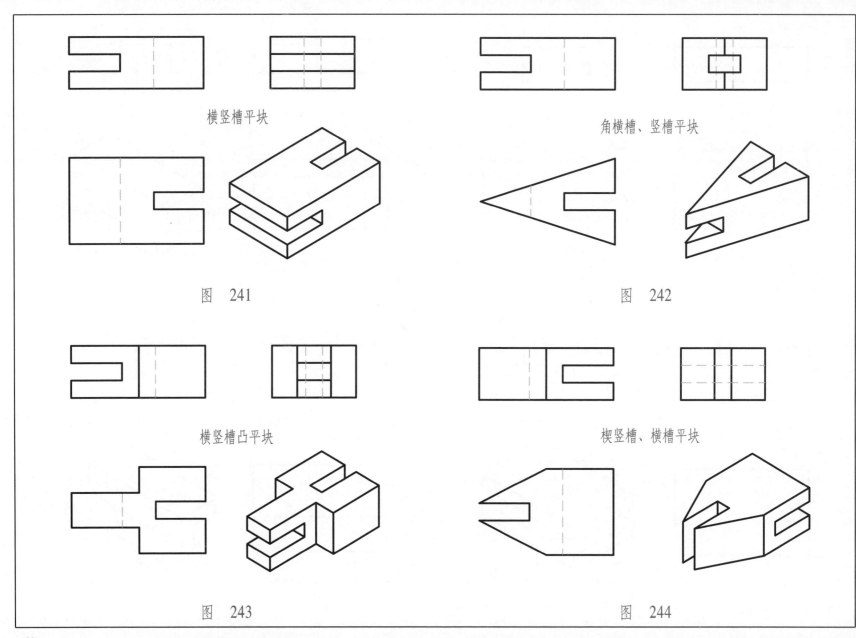

横竖槽平块

角横槽、竖槽平块

图 241

图 242

横竖槽凸平块

楔竖槽、横槽平块

图 243

图 244

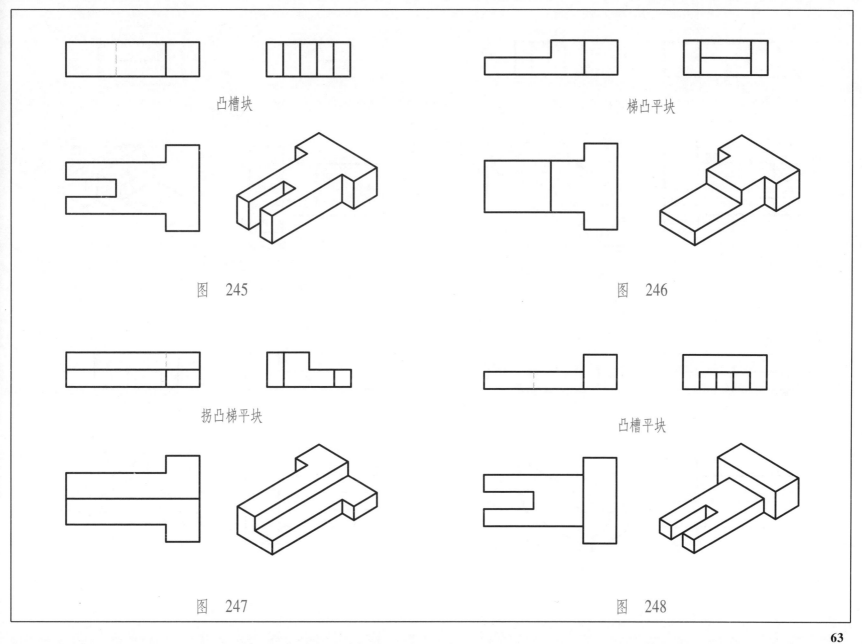

凸槽块

梯凸平块

图 245

图 246

拐凸梯平块

凸槽平块

图 247

图 248

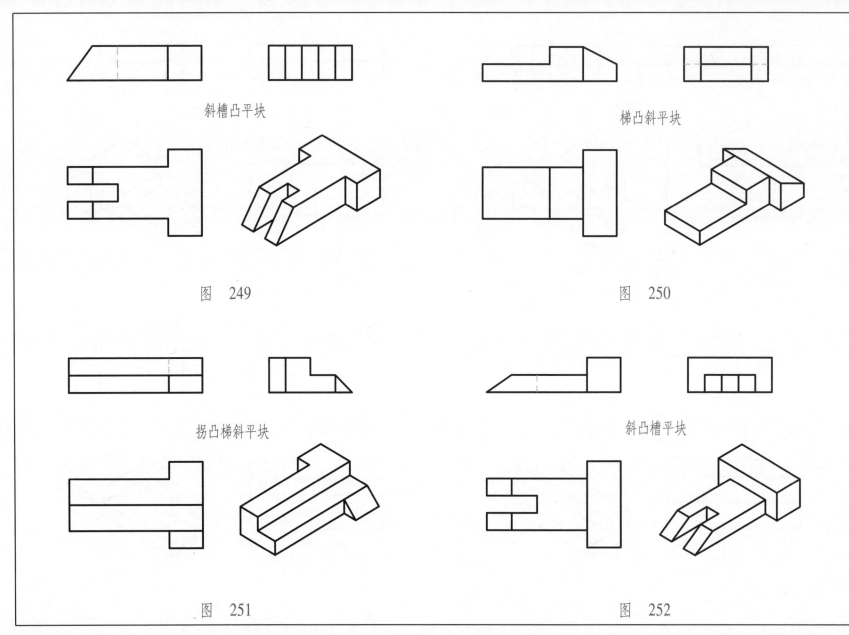

斜槽凸平块

梯凸斜平块

图　249

图　250

拐凸梯斜平块

斜凸槽平块

图　251

图　252

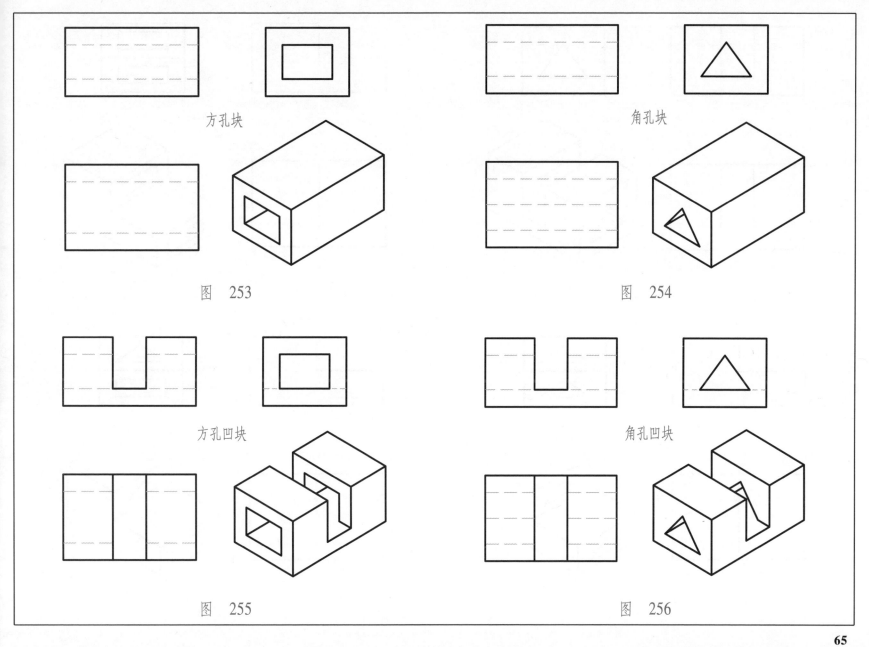

方孔块

图 253

角孔块

图 254

方孔凹块

图 255

角孔凹块

图 256

65

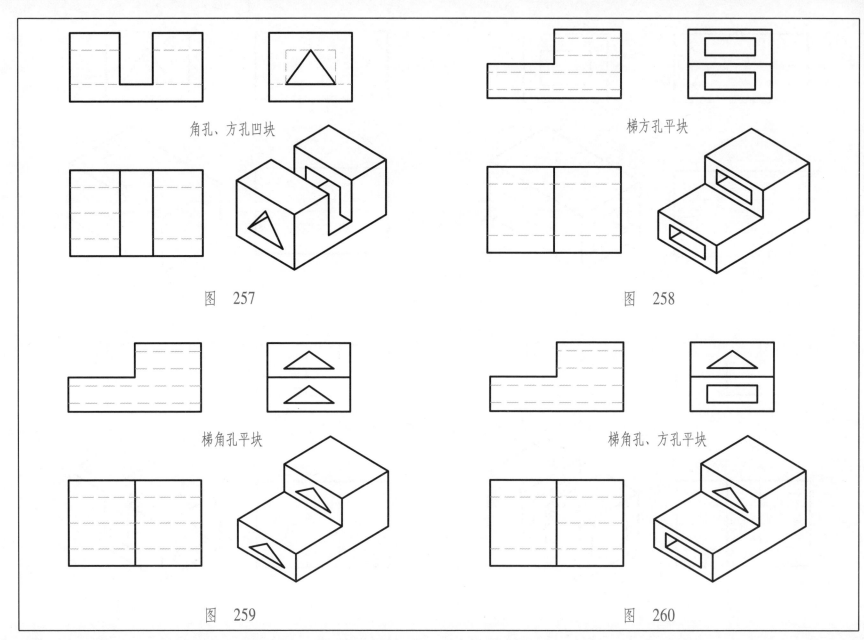

角孔、方孔凹块

梯方孔平块

图　257

图　258

梯角孔平块

梯角孔、方孔平块

图　259

图　260

66

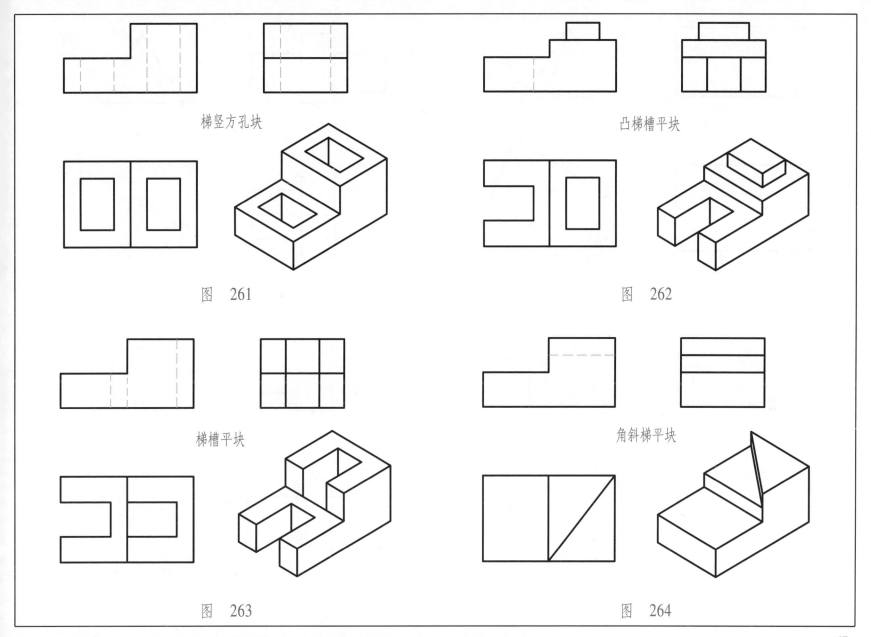

梯竖方孔块

凸梯槽平块

图　261

图　262

梯槽平块

角斜梯平块

图　263

图　264

67

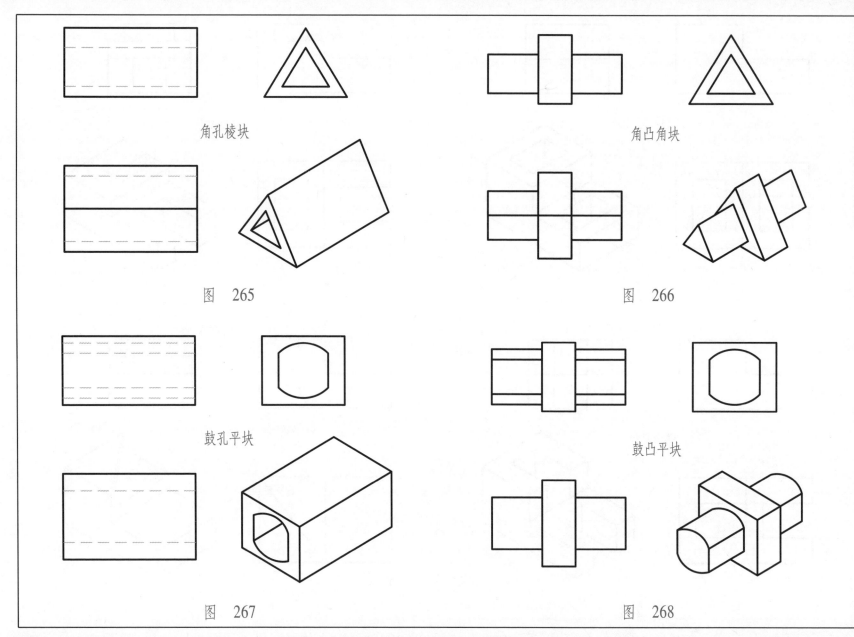

角孔棱块

角凸角块

图　265

图　266

鼓孔平块

鼓凸平块

图　267

图　268

68

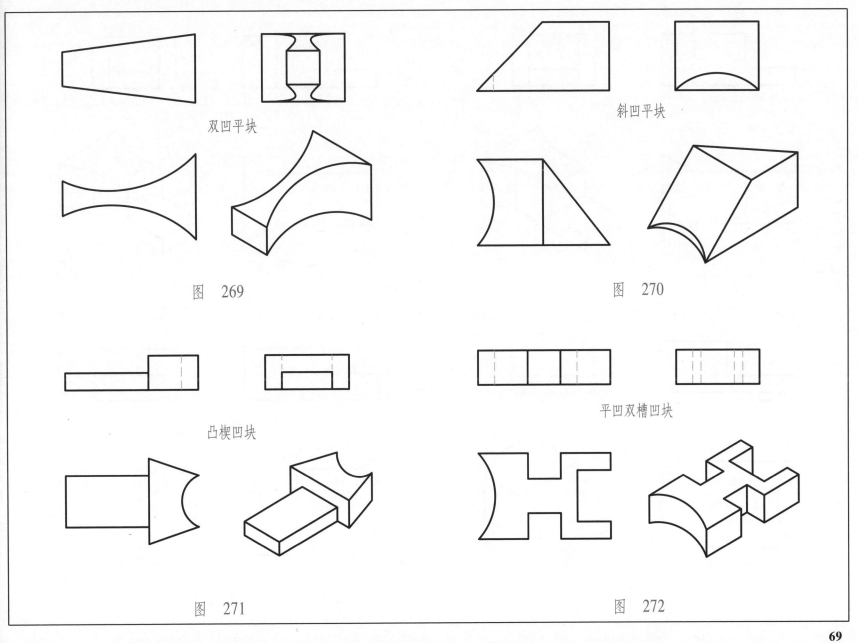

双凹平块

斜凹平块

图 269

图 270

凸楔凹块

平凹双槽凹块

图 271

图 272

69

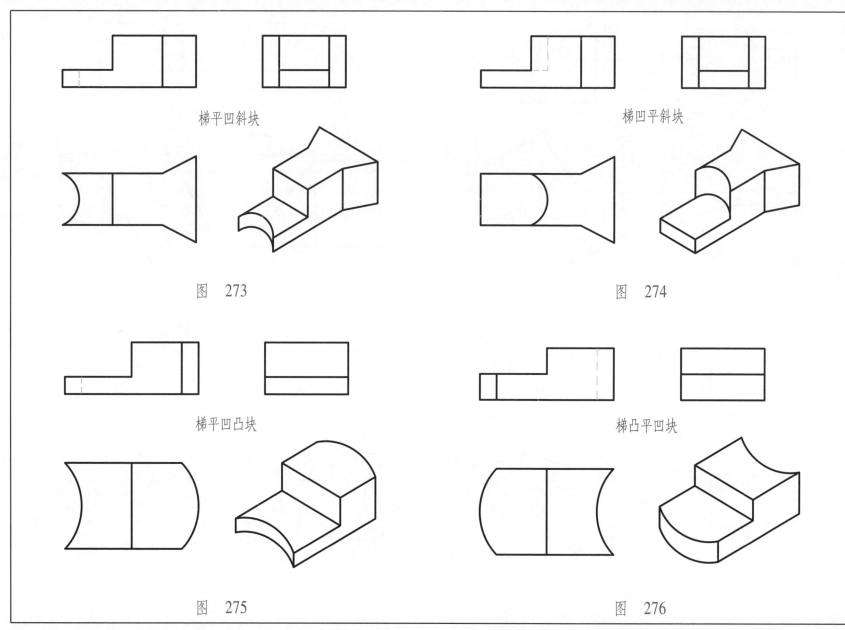

梯平凹斜块

梯凹平斜块

图　273

图　274

梯平凹凸块

梯凸平凹块

图　275

图　276

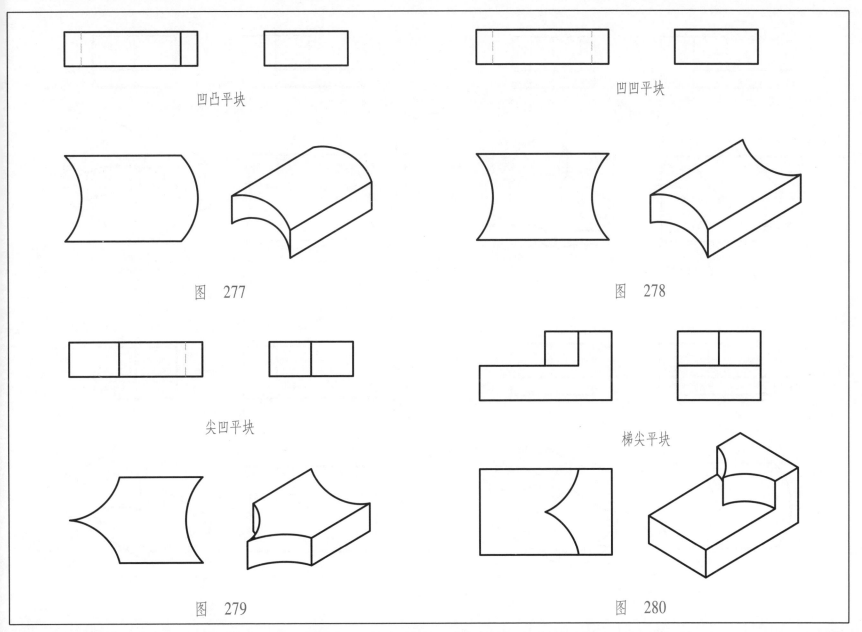

凹凸平块　　　　　　　　　　　　　凹凹平块

图　277　　　　　　　　　　　　　图　278

尖凹平块　　　　　　　　　　　　　梯尖平块

图　279　　　　　　　　　　　　　图　280

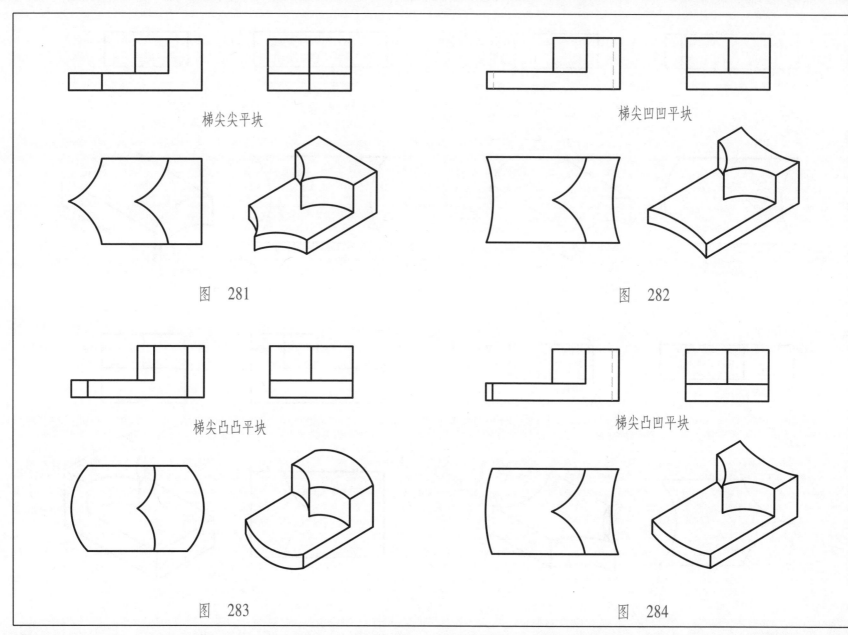

梯尖尖平块

梯尖凹凹平块

图 281

图 282

梯尖凸凸平块

梯尖凸凹平块

图 283

图 284

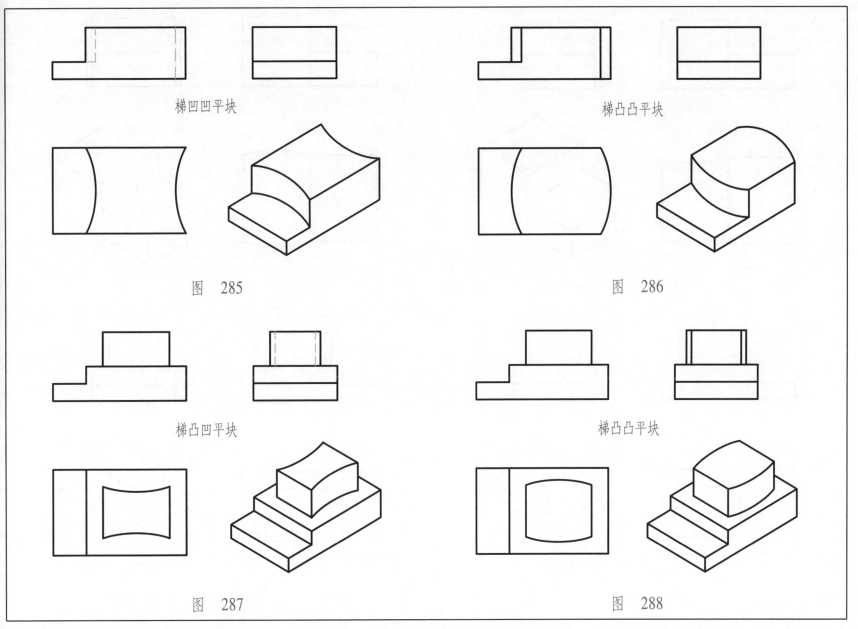

梯凹凹平块

梯凸凸平块

图　285

图　286

梯凸凹平块

梯凸凸平块

图　287

图　288

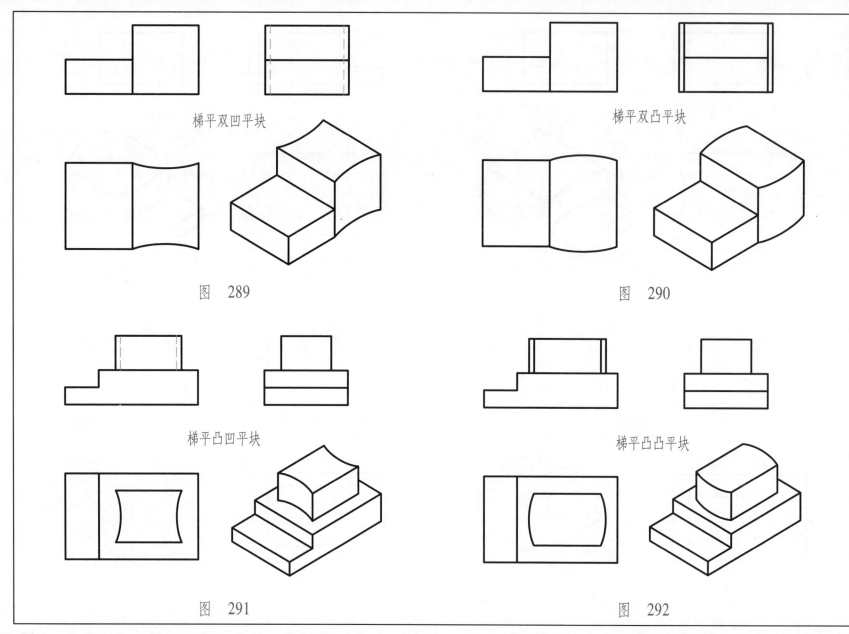

梯平双凹平块

梯平双凸平块

图　289

图　290

梯平凸凹平块

梯平凸凸平块

图　291

图　292

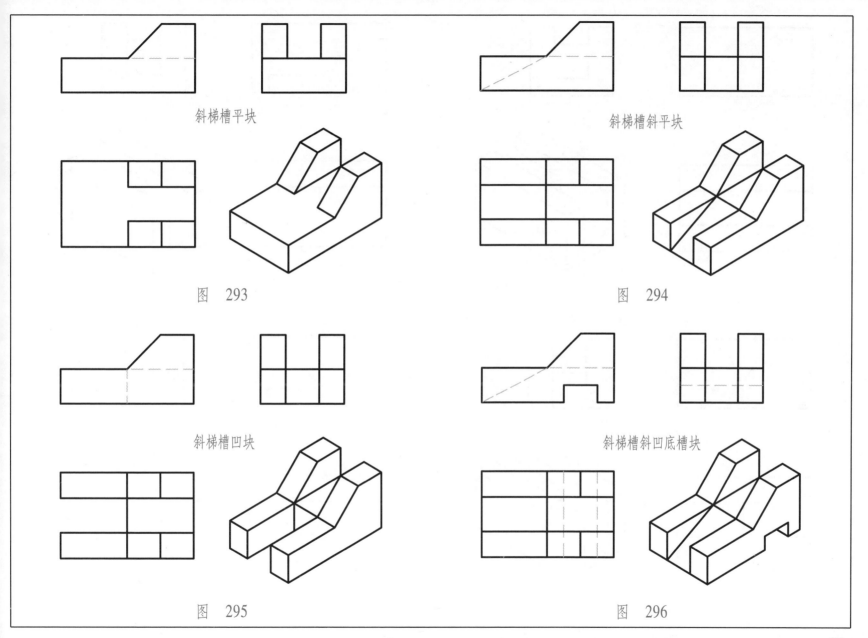

斜梯槽平块

斜梯槽斜平块

图 293

图 294

斜梯槽凹块

斜梯槽斜凹底槽块

图 295

图 296

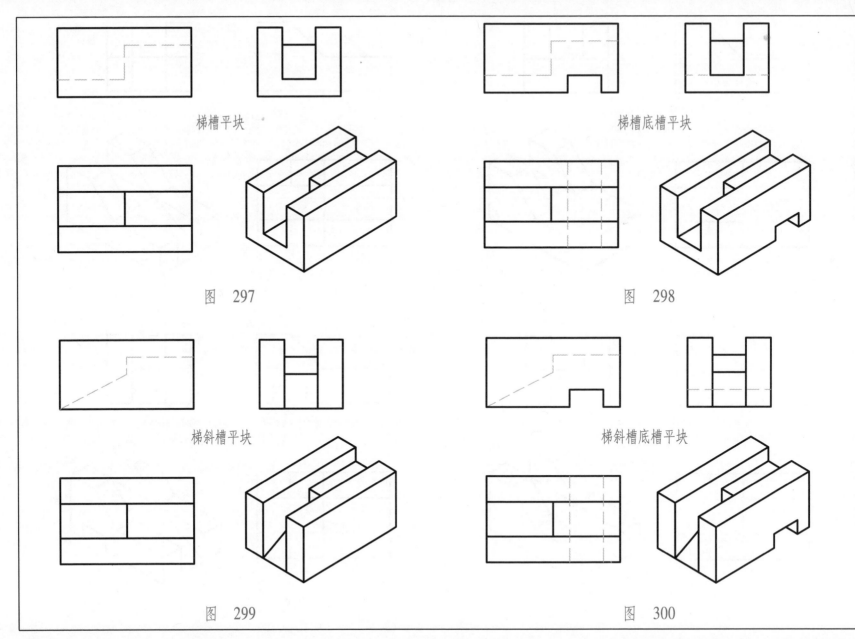

梯槽平块

梯槽底槽平块

图　297

图　298

梯斜槽平块

梯斜槽底槽平块

图　299

图　300

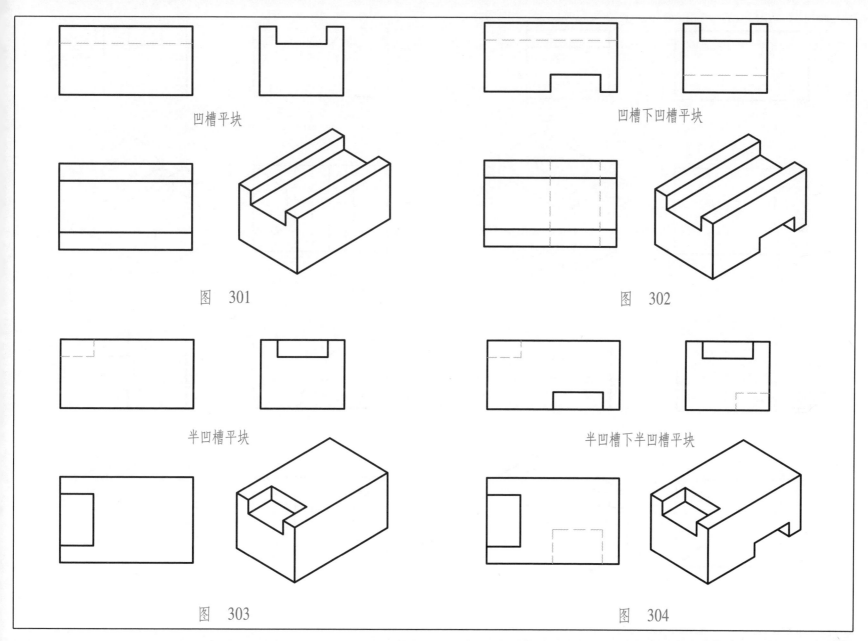

凹槽平块

凹槽下凹槽平块

图　301

图　302

半凹槽平块

半凹槽下半凹槽平块

图　303

图　304

77

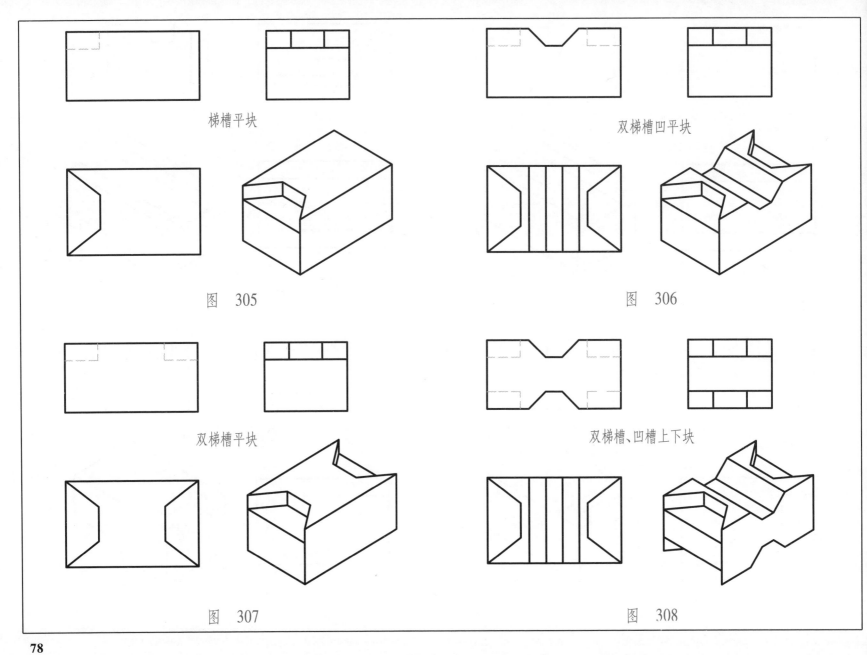

梯槽平块

双梯槽凹平块

图 305

图 306

双梯槽平块

双梯槽、凹槽上下块

图 307

图 308

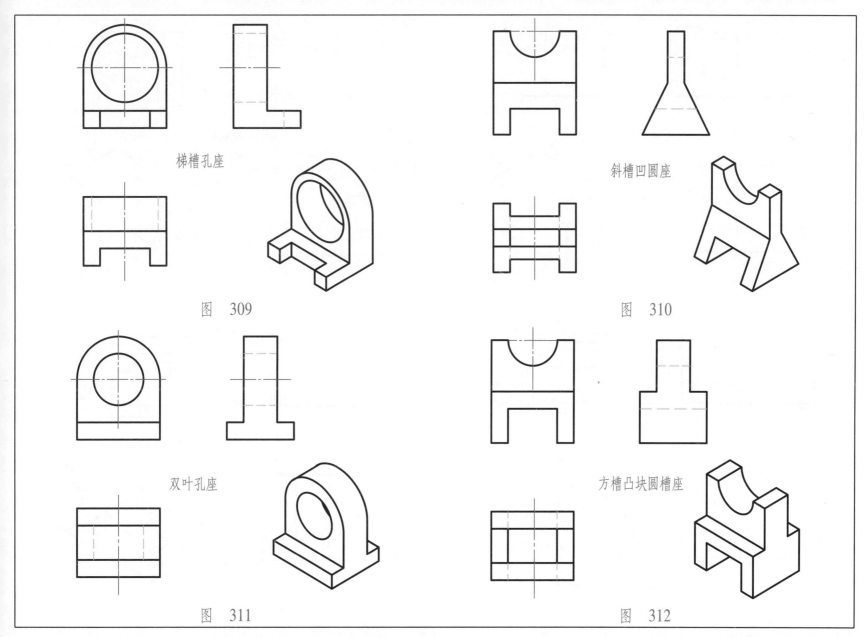

梯槽孔座

斜槽凹圆座

图 309

图 310

双叶孔座

方槽凸块圆槽座

图 311

图 312

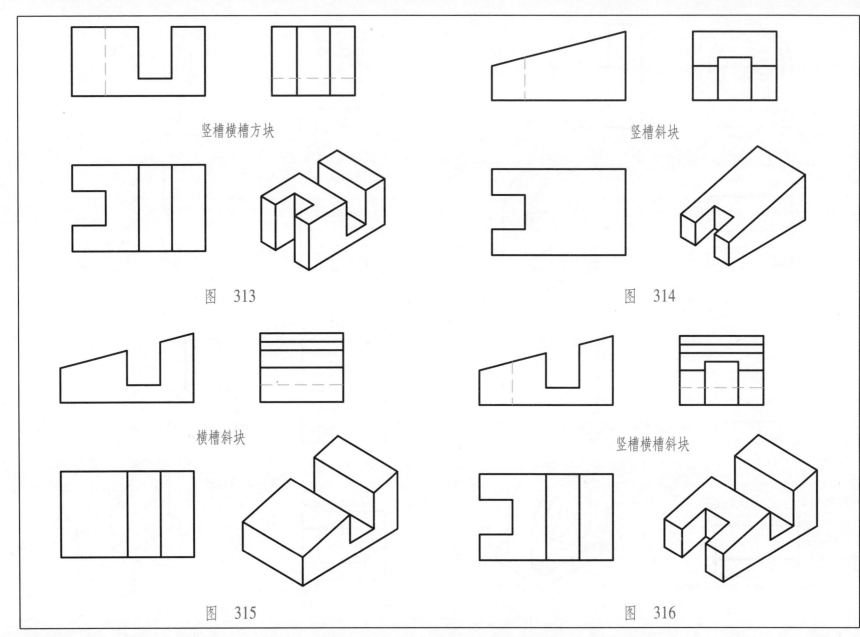

竖槽横槽方块

竖槽斜块

图　313

图　314

横槽斜块

竖槽横槽斜块

图　315

图　316

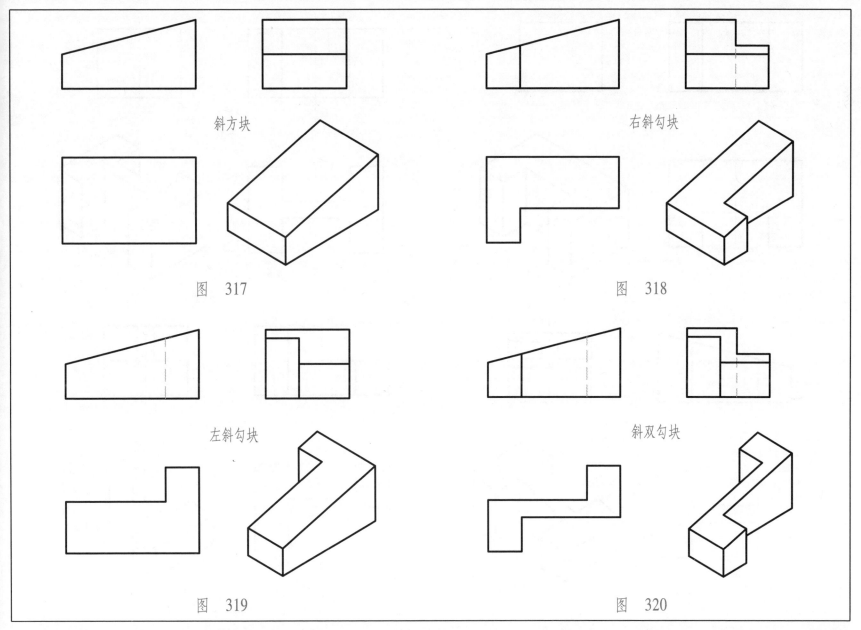

斜方块

图　317

右斜勾块

图　318

左斜勾块

图　319

斜双勾块

图　320

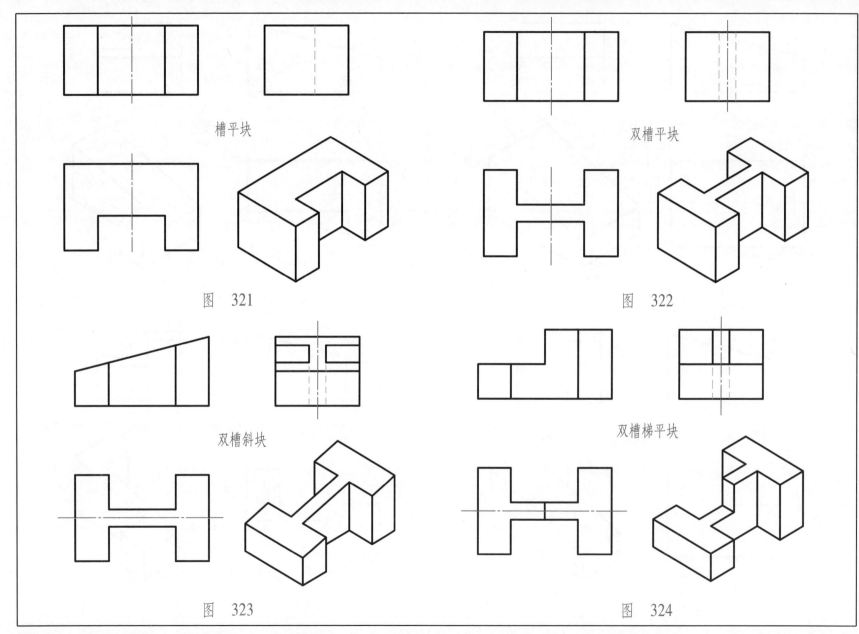

槽平块

图　321

双槽平块

图　322

双槽斜块

双槽梯平块

图　323

图　324

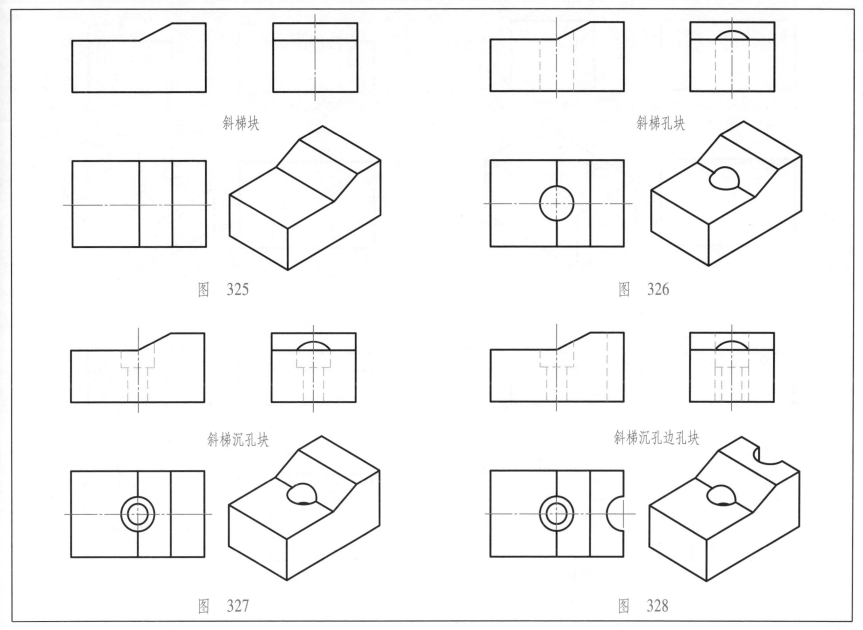

斜梯块

图 325

斜梯孔块

图 326

斜梯沉孔块

图 327

斜梯沉孔边孔块

图 328

83

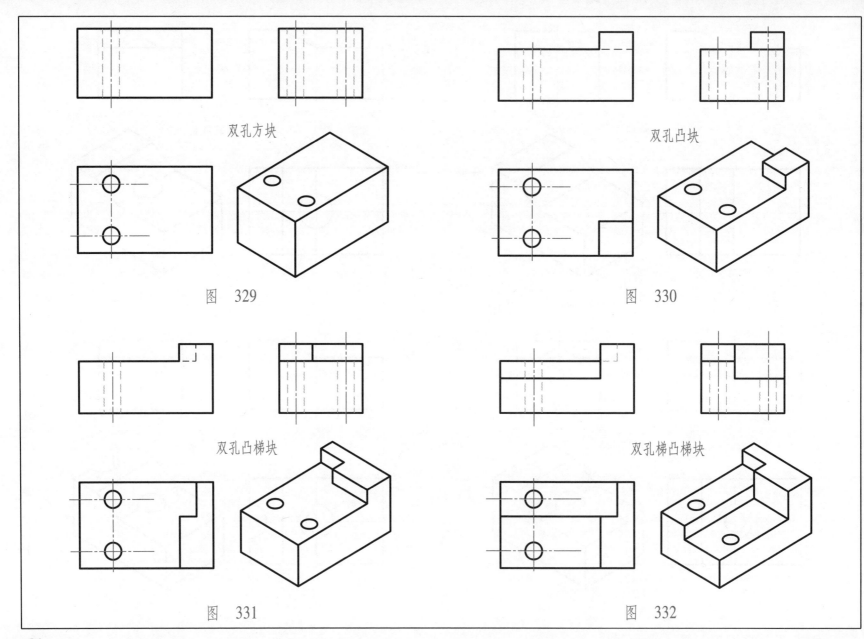

双孔方块

图 329

双孔凸块

图 330

双孔凸梯块

图 331

双孔梯凸梯块

图 332

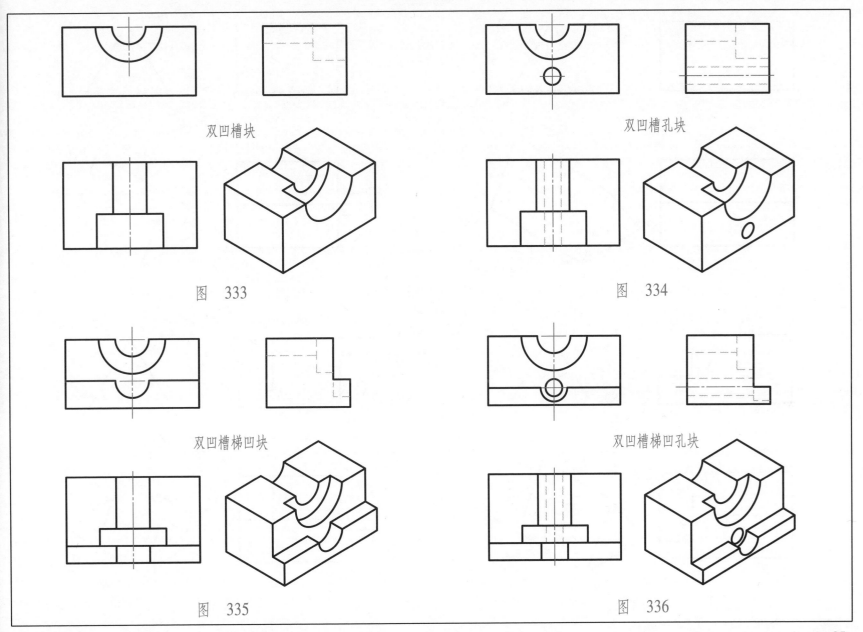

双凹槽块

图 333

双凹槽孔块

图 334

双凹槽梯凹块

图 335

双凹槽梯凹孔块

图 336

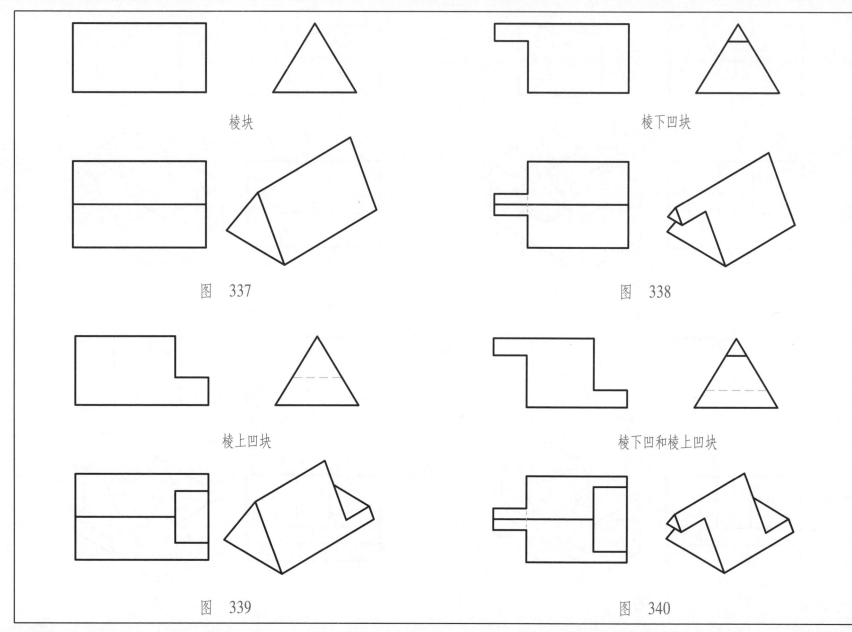

棱块

棱下凹块

图　337

图　338

棱上凹块

棱下凹和棱上凹块

图　339

图　340

86

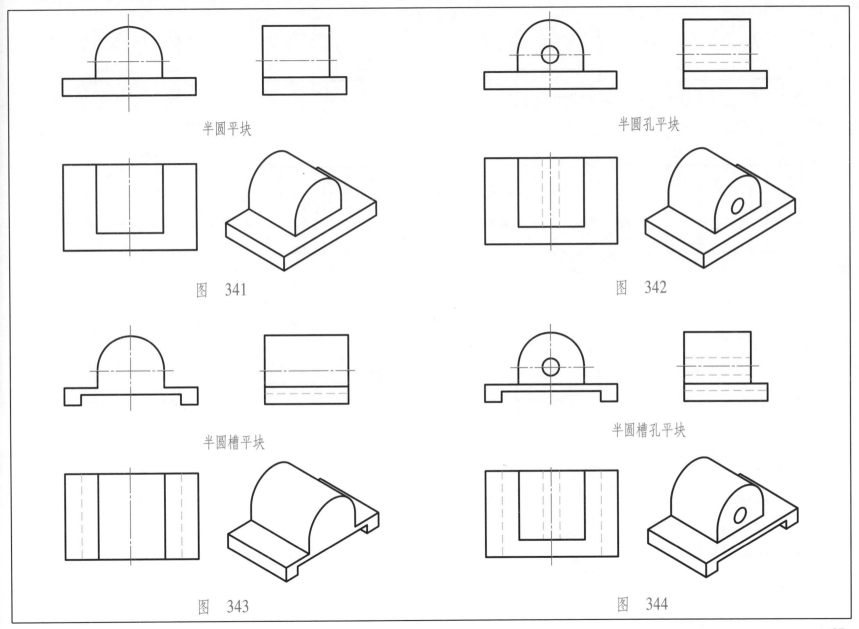

半圆平块

半圆孔平块

图 341

图 342

半圆槽平块

半圆槽孔平块

图 343

图 344

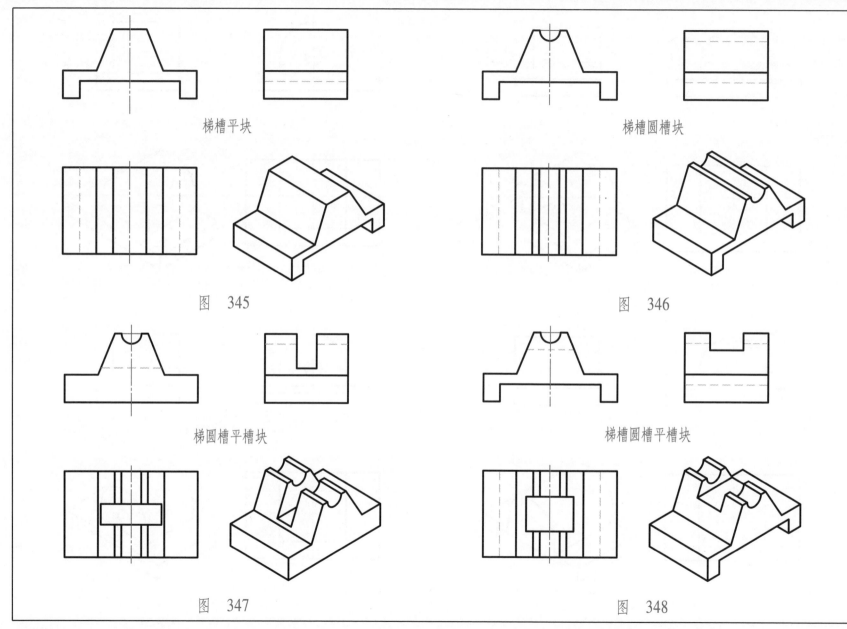

梯槽平块

梯槽圆槽块

图　345

图　346

梯圆槽平槽块

梯槽圆槽平槽块

图　347

图　348

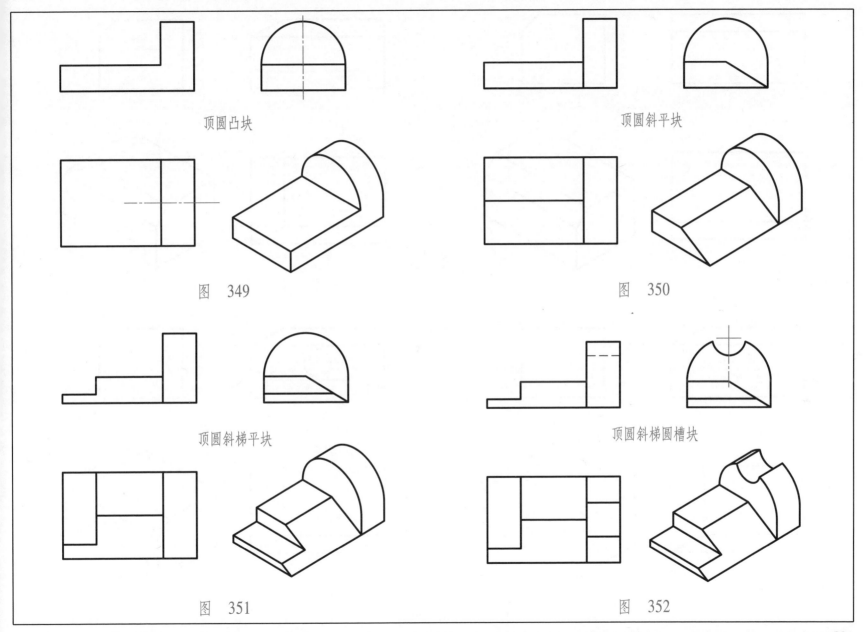

顶圆凸块

顶圆斜平块

图　349

图　350

顶圆斜梯平块

顶圆斜梯圆槽块

图　351

图　352

89

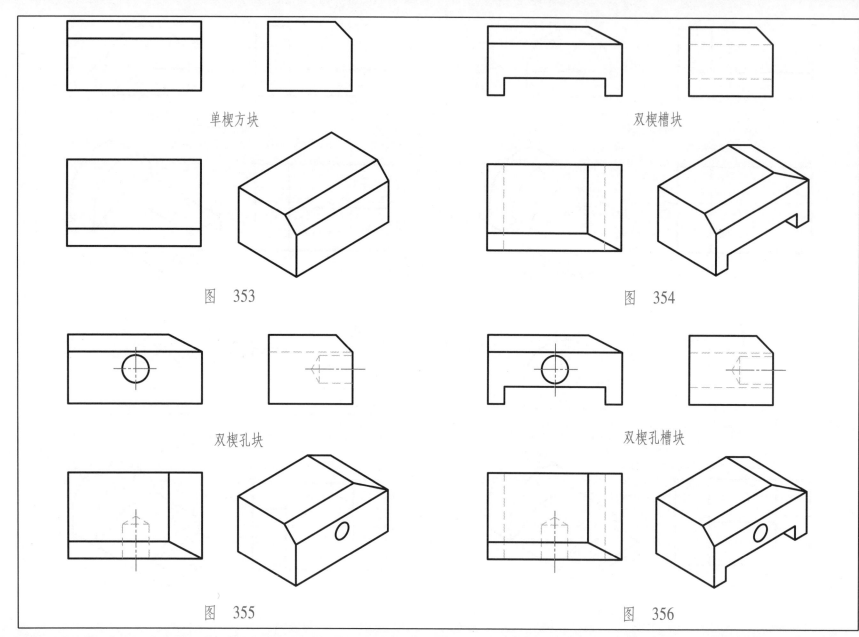

单楔方块

双楔槽块

图　353

图　354

双楔孔块

双楔孔槽块

图　355

图　356

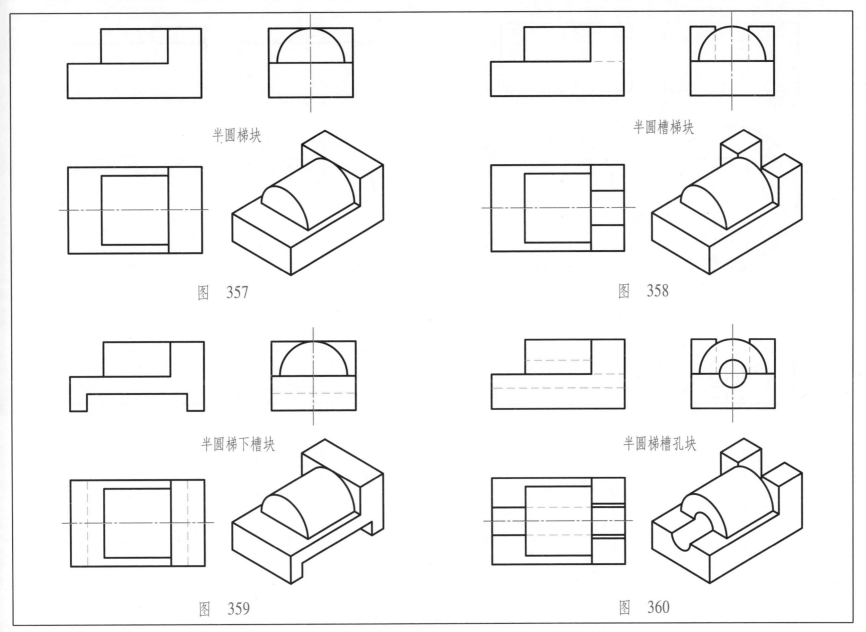

半圆梯块

半圆槽梯块

图　357

图　358

半圆梯下槽块

半圆梯槽孔块

图　359

图　360

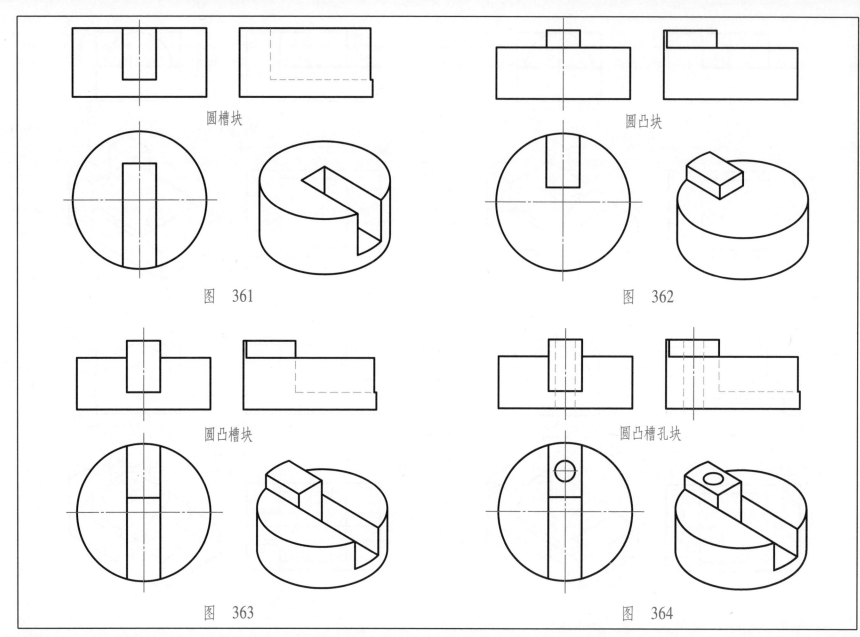

圆槽块

图　361

圆凸块

图　362

圆凸槽块

图　363

圆凸槽孔块

图　364

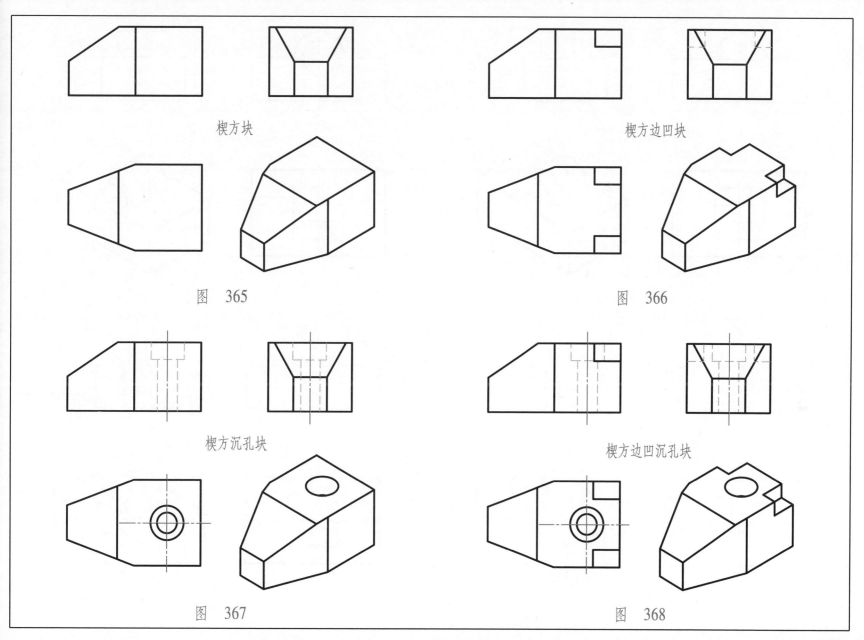

楔方块

图 365

楔方边凹块

图 366

楔方沉孔块

图 367

楔方边凹沉孔块

图 368

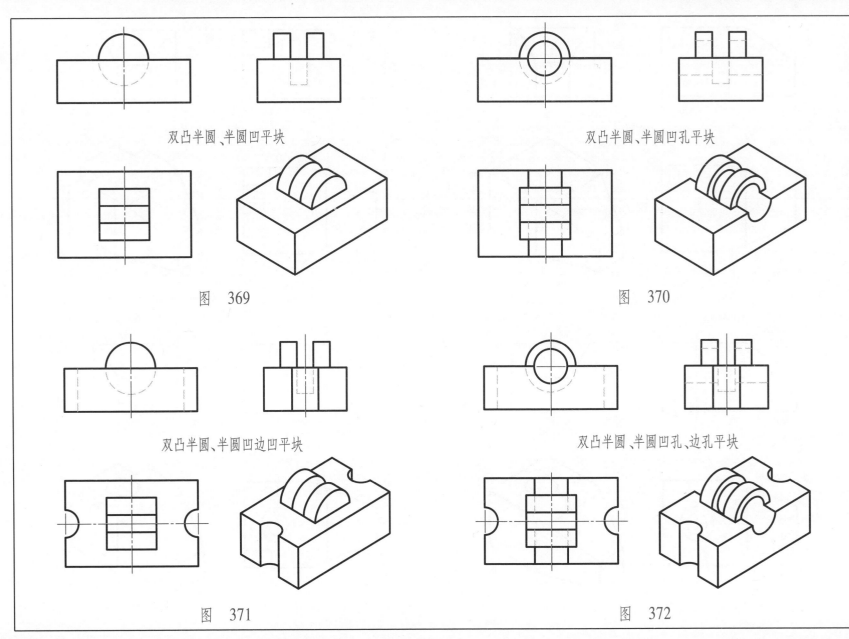

双凸半圆、半圆凹平块

双凸半圆、半圆凹孔平块

图　369

图　370

双凸半圆、半圆凹边凹平块

双凸半圆、半圆凹孔、边孔平块

图　371

图　372

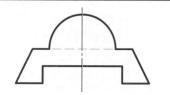
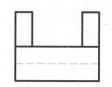

双凸半圆斜槽块

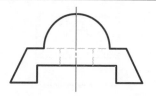
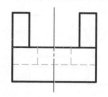

双凸半圆斜槽竖孔块

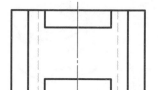
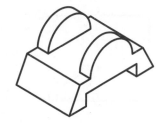

图　373

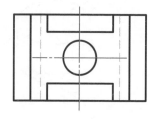

图　374

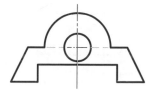
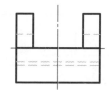

双凸半圆斜槽横孔块

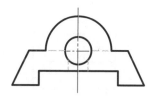
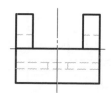

双凸半圆斜槽竖、横孔块

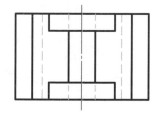
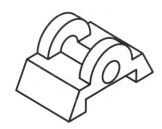

图　375

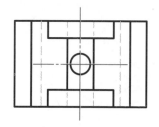
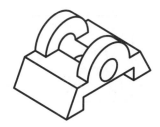

图　376

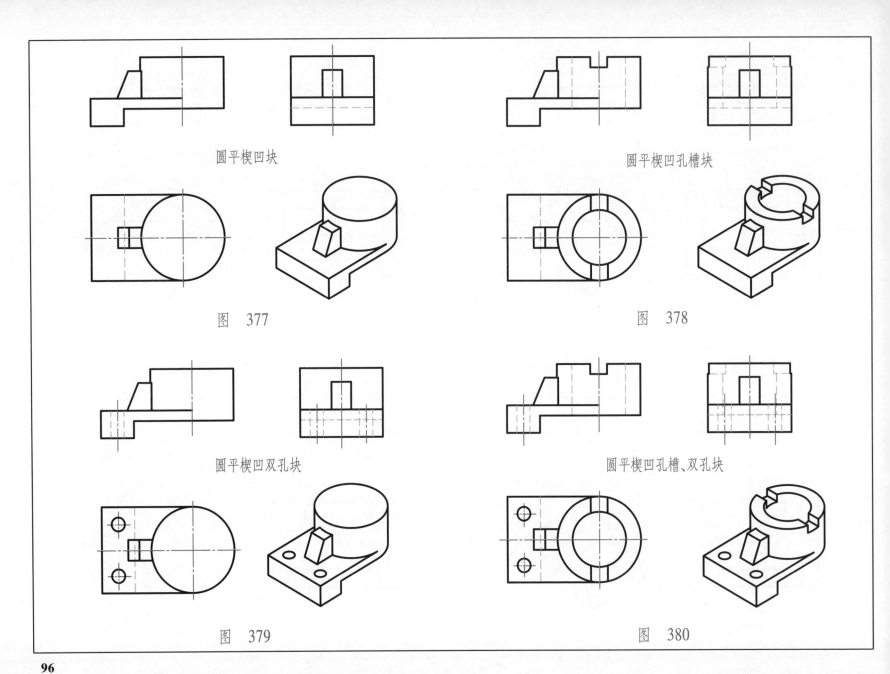

圆平楔凹块

圆平楔凹孔槽块

图　377

图　378

圆平楔凹双孔块

圆平楔凹孔槽、双孔块

图　379

图　380

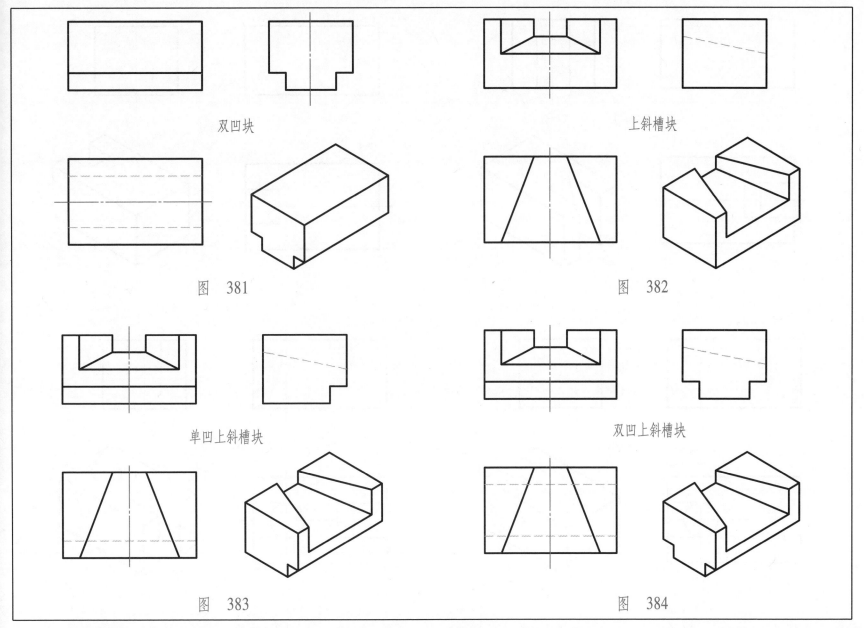

双凹块

上斜槽块

图　381

图　382

单凹上斜槽块

双凹上斜槽块

图　383

图　384

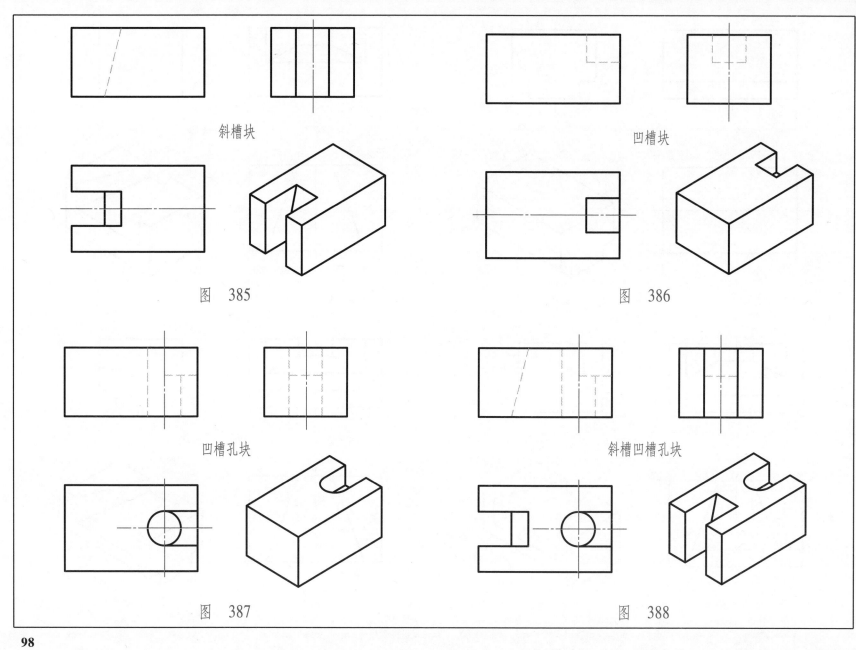

斜槽块

凹槽块

图 385

图 386

凹槽孔块

斜槽凹槽孔块

图 387

图 388

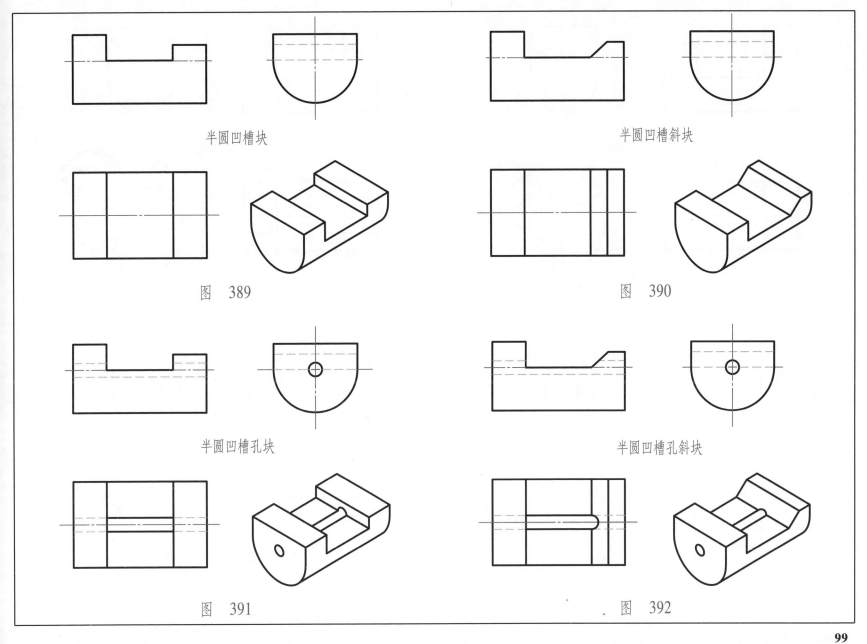

半圆凹槽块

半圆凹槽斜块

图　389

图　390

半圆凹槽孔块

半圆凹槽孔斜块

图　391

图　392

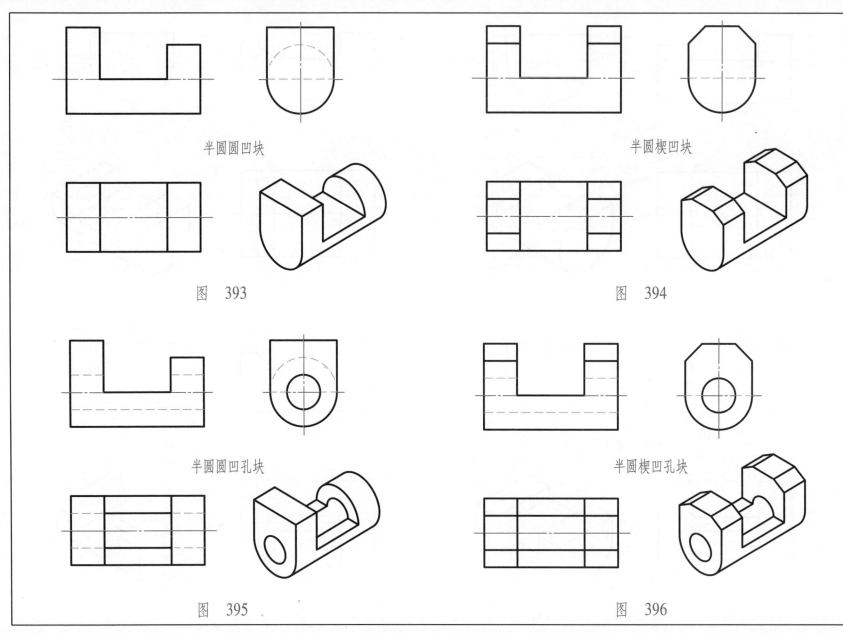

半圆圆凹块

半圆楔凹块

图　393

图　394

半圆圆凹孔块

半圆楔凹孔块

图　395

图　396

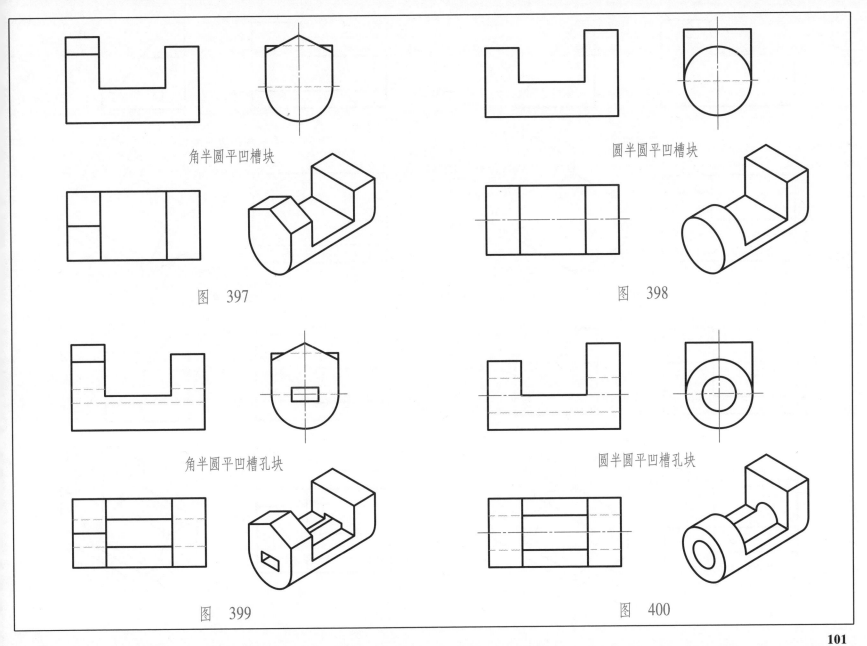

角半圆平凹槽块

圆半圆平凹槽块

图　397

图　398

角半圆平凹槽孔块

圆半圆平凹槽孔块

图　399

图　400

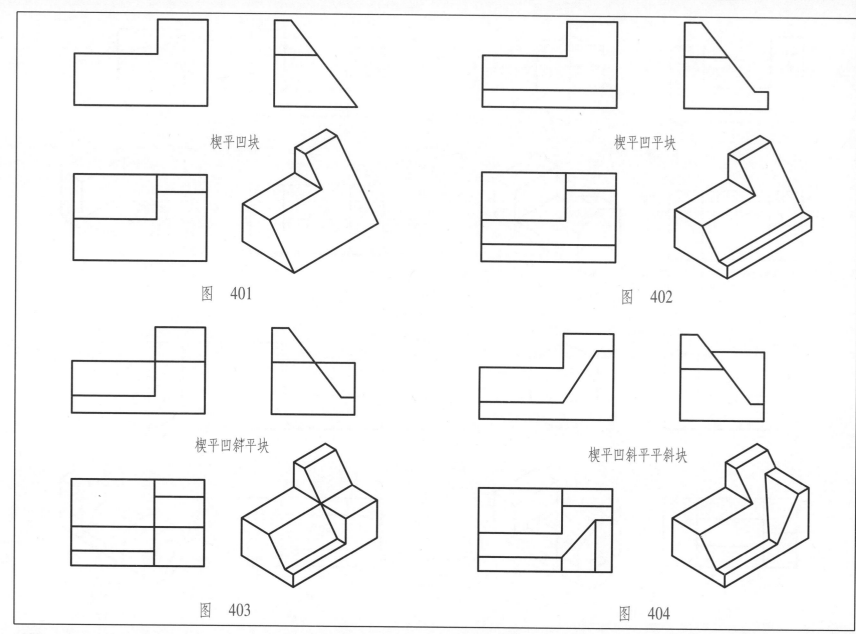

楔平凹块

图 401

楔平凹平块

图 402

楔平凹斜平块

图 403

楔平凹斜平平斜块

图 404

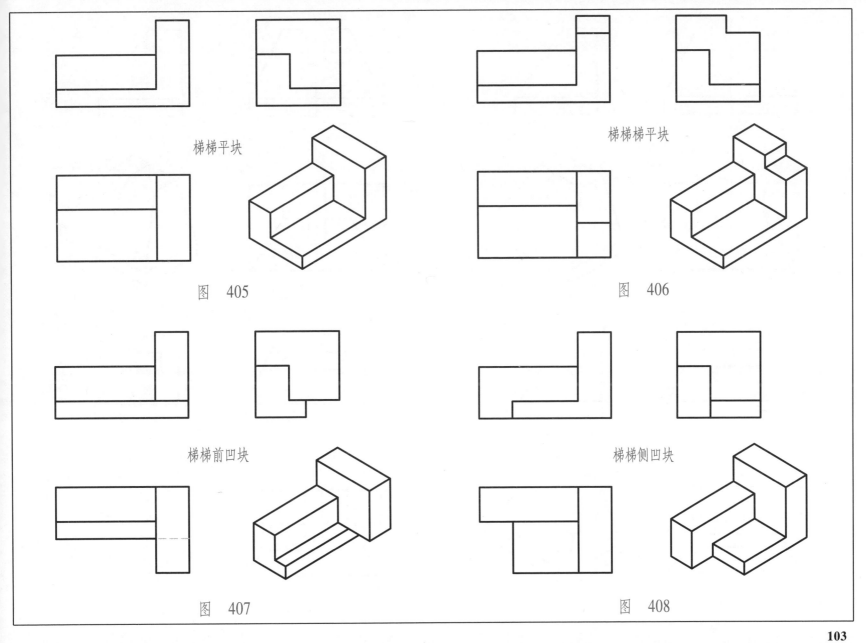

梯梯平块

图　405

梯梯梯平块

图　406

梯梯前凹块

图　407

梯梯侧凹块

图　408

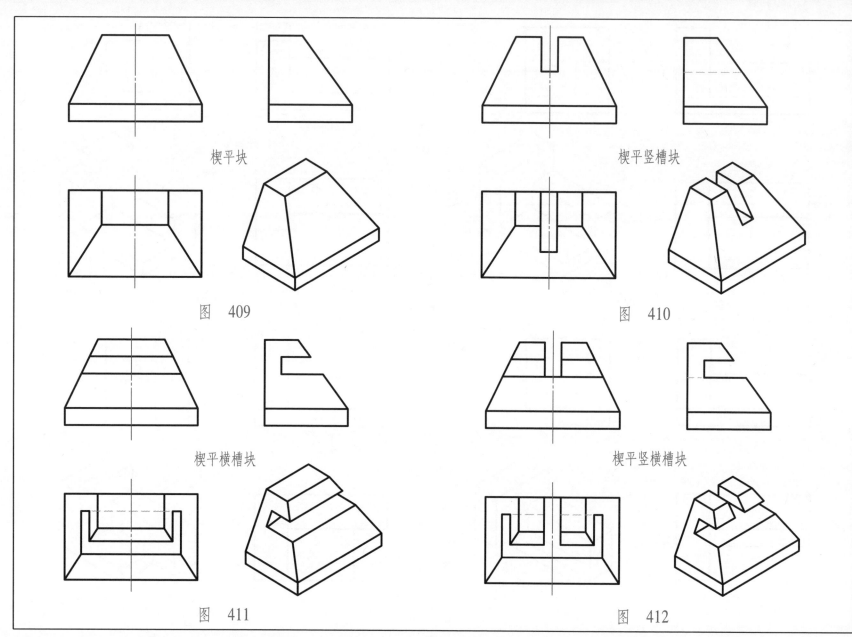

楔平块

图　409

楔平竖槽块

图　410

楔平横槽块

楔平竖横槽块

图　411

图　412

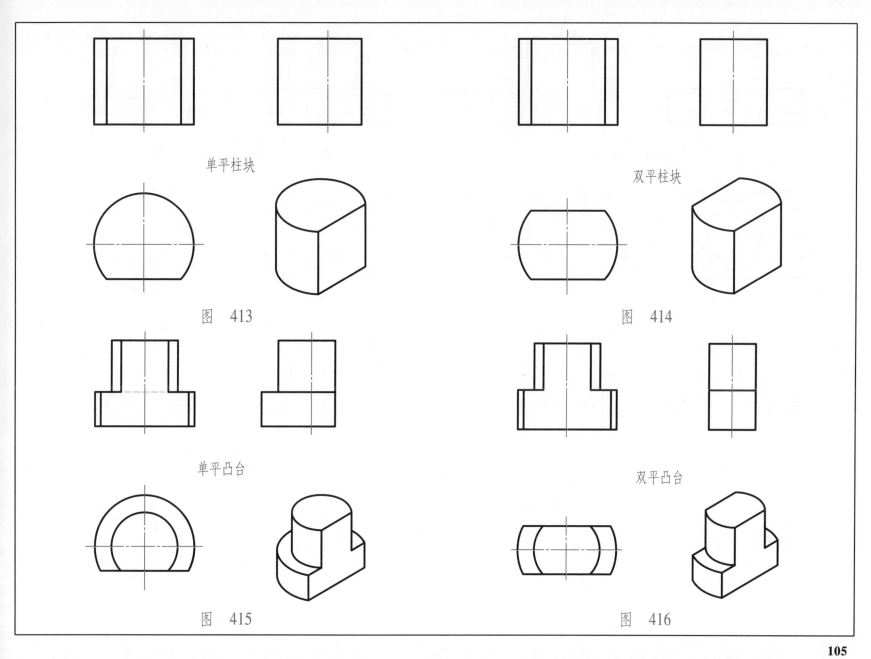

单平柱块

图　413

双平柱块

图　414

单平凸台

图　415

双平凸台

图　416

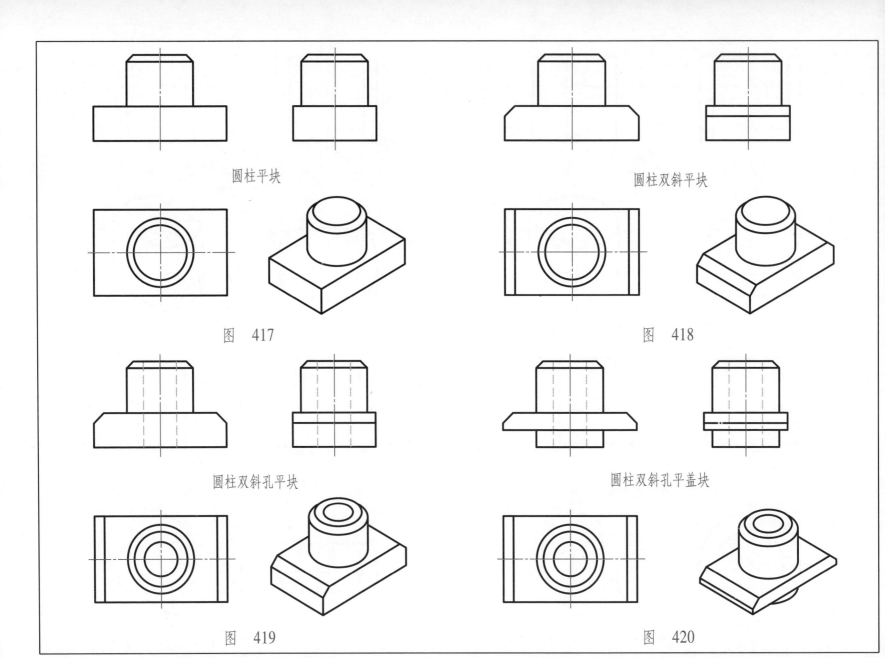

圆柱平块

圆柱双斜平块

图　417

图　418

圆柱双斜孔平块

圆柱双斜孔平盖块

图　419

图　420

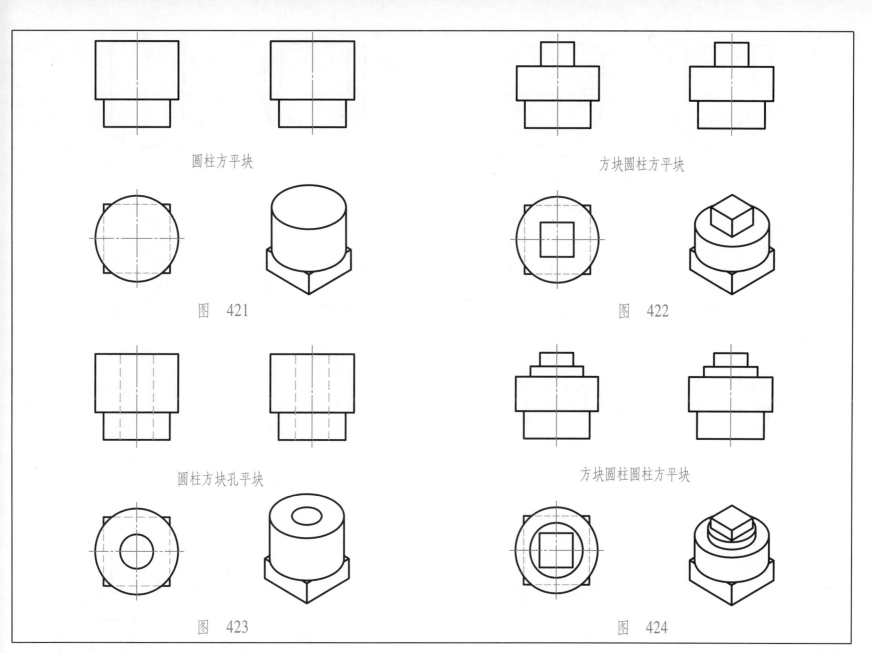

圆柱方平块

方块圆柱方平块

图　421

图　422

圆柱方块孔平块

方块圆柱圆柱方平块

图　423

图　424

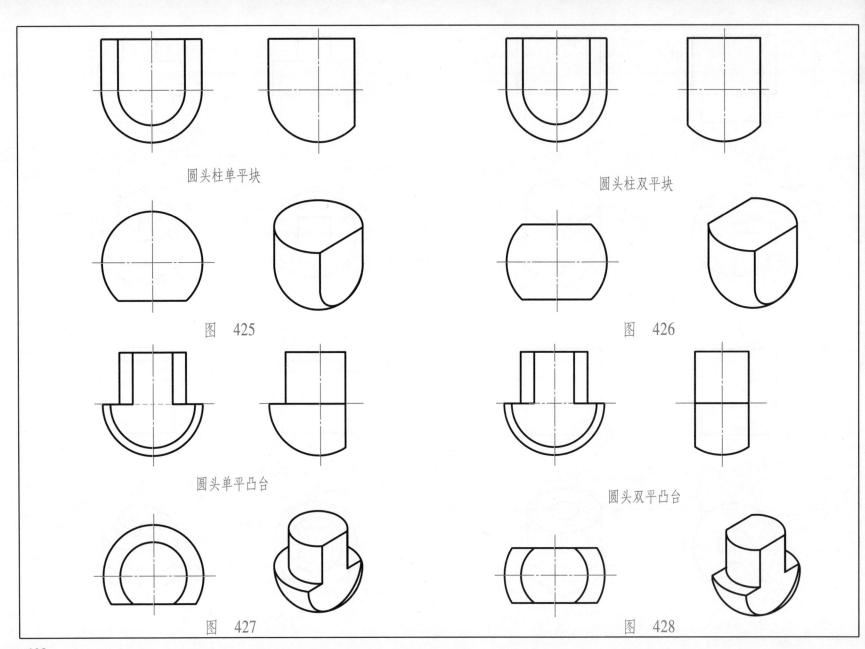

圆头柱单平块

圆头柱双平块

图　425

图　426

圆头单平凸台

圆头双平凸台

图　427

图　428

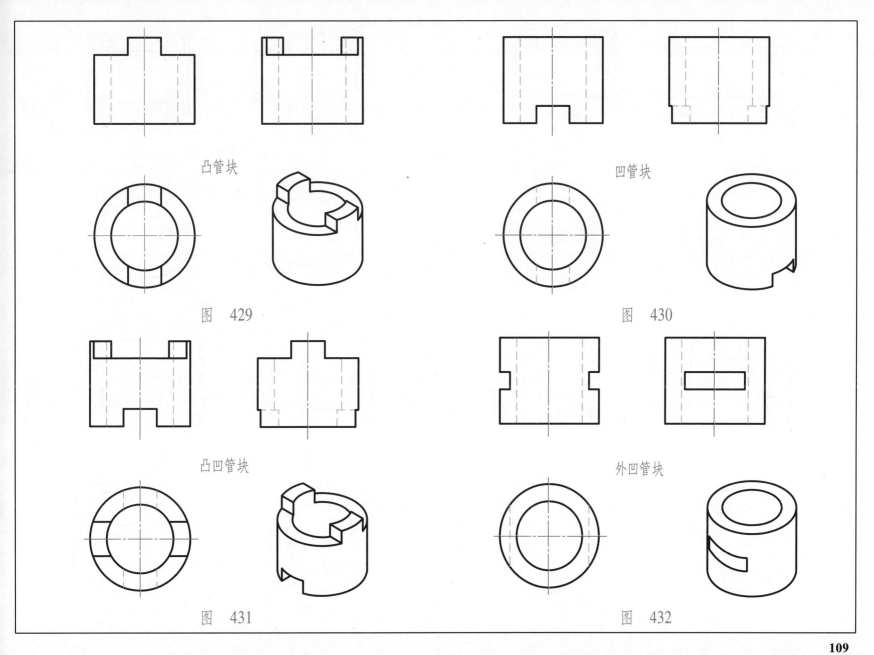

凸管块

图 429

凹管块

图 430

凸凹管块

图 431

外凹管块

图 432

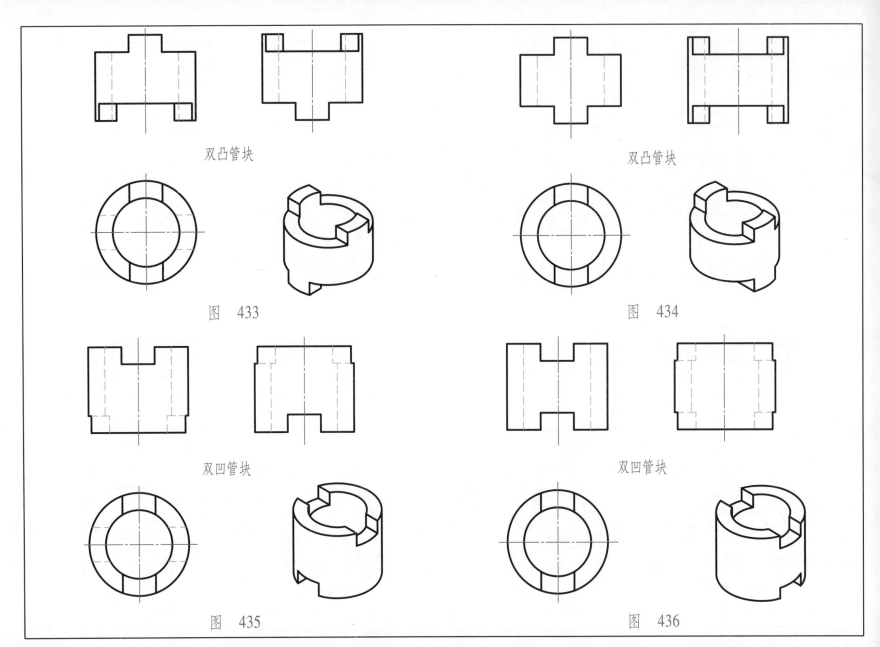

双凸管块

双凸管块

图 433

图 434

双凹管块

双凹管块

图 435

图 436

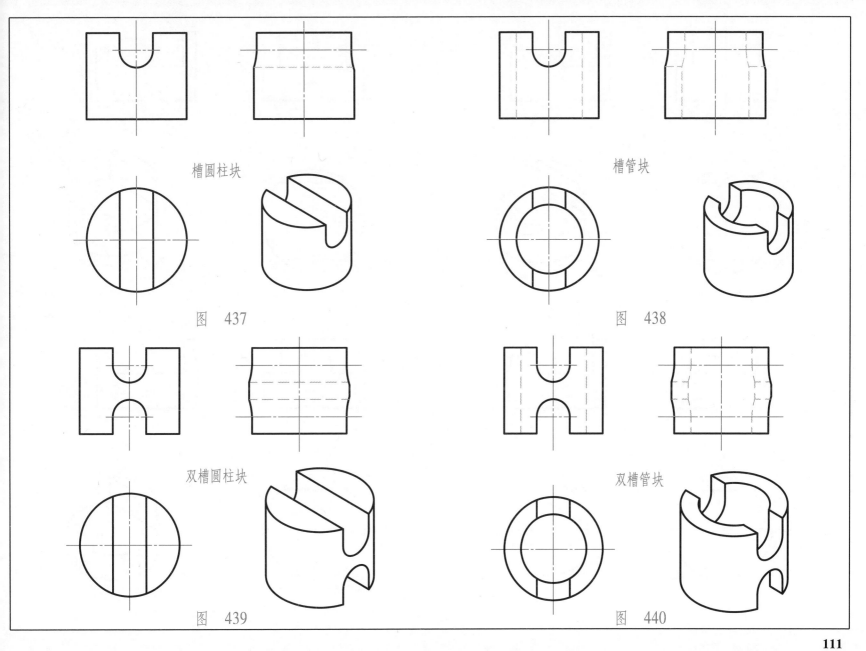

槽圆柱块

图 437

槽管块

图 438

双槽圆柱块

图 439

双槽管块

图 440

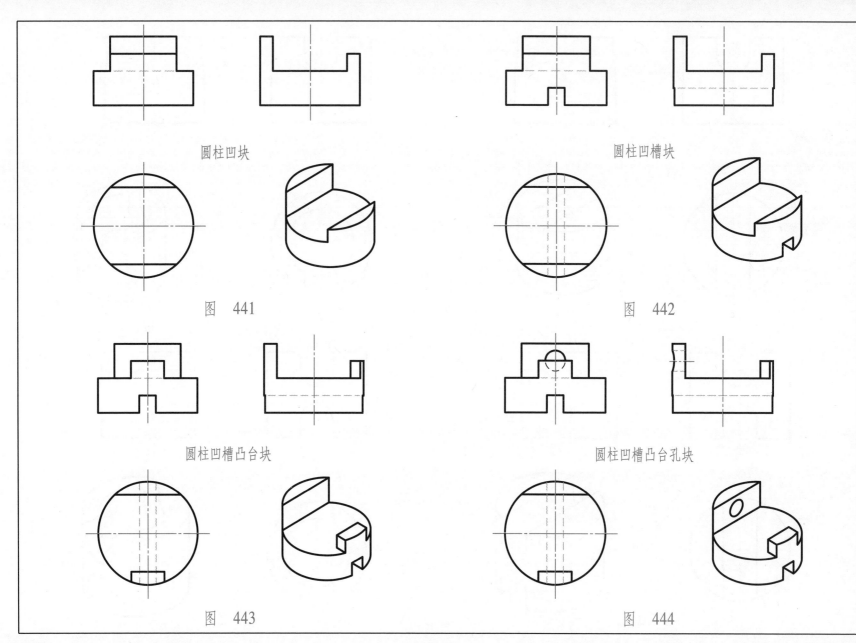

圆柱凹块

圆柱凹槽块

图　441

图　442

圆柱凹槽凸台块

圆柱凹槽凸台孔块

图　443

图　444

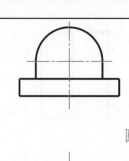
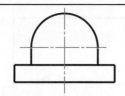
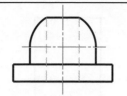
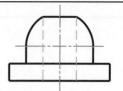

圆台平块

圆台孔平块

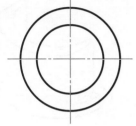
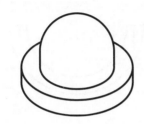
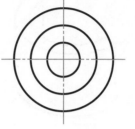
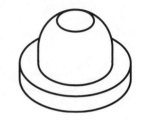

图　445

图　446

圆台孔平双槽块

圆台孔平四槽块

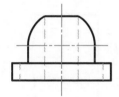
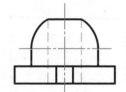
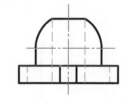
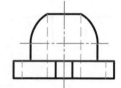

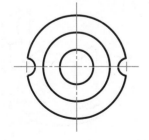

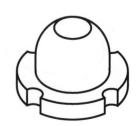

图　447

图　448

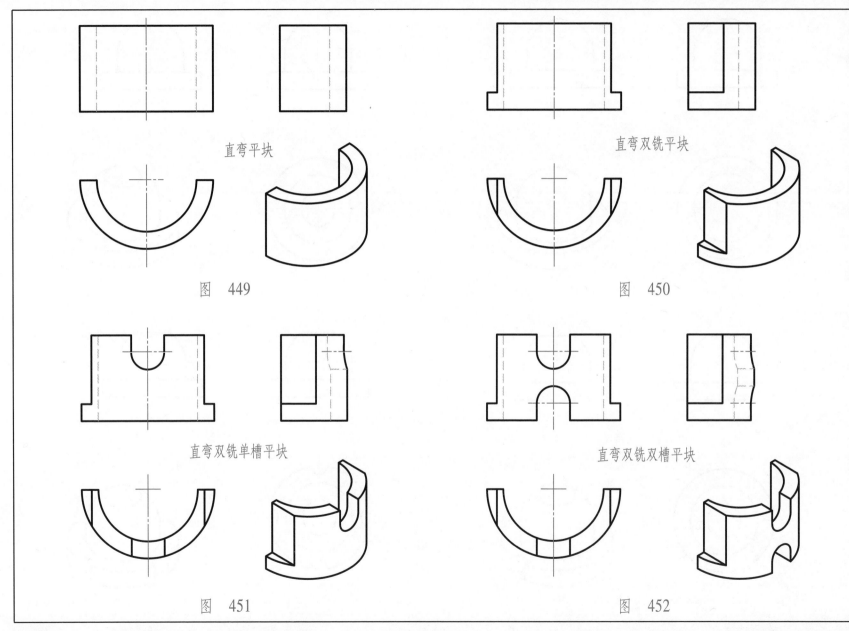

直弯平块

图　449

直弯双铣平块

图　450

直弯双铣单槽平块

图　451

直弯双铣双槽平块

图　452

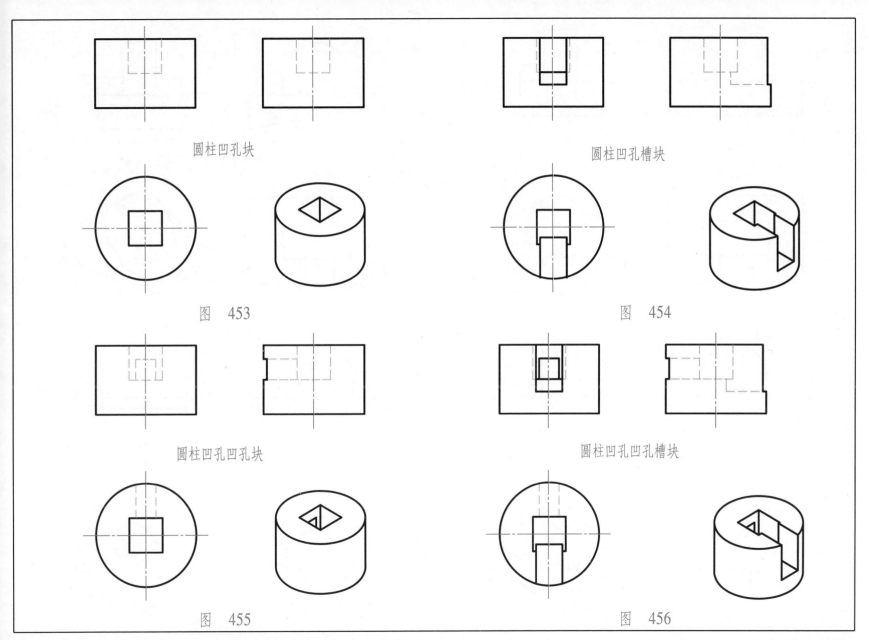

圆柱凹孔块

圆柱凹孔槽块

图　453

图　454

圆柱凹孔凹孔块

圆柱凹孔凹孔槽块

图　455

图　456

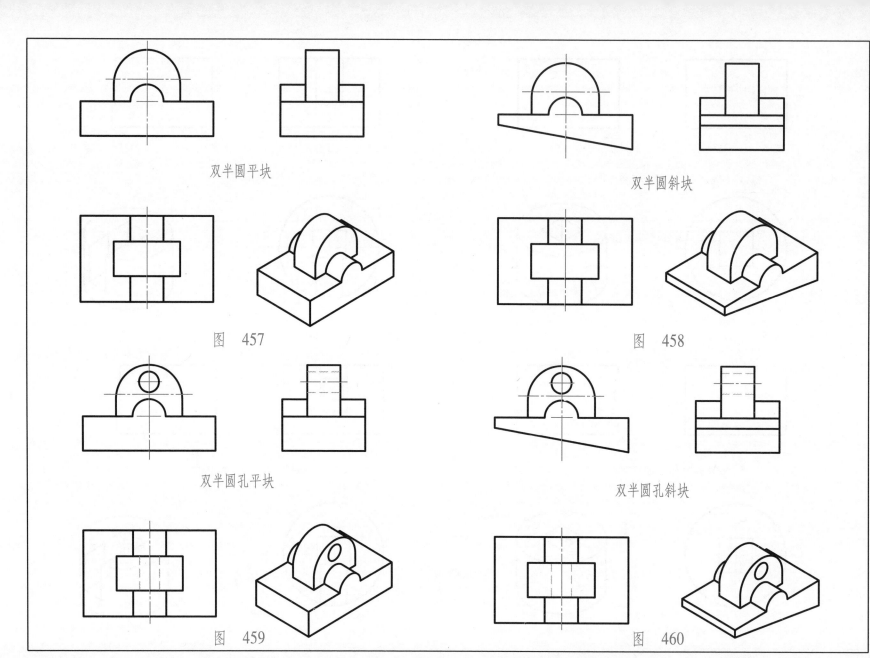

双半圆平块

双半圆斜块

图　457

图　458

双半圆孔平块

双半圆孔斜块

图　459

图　460

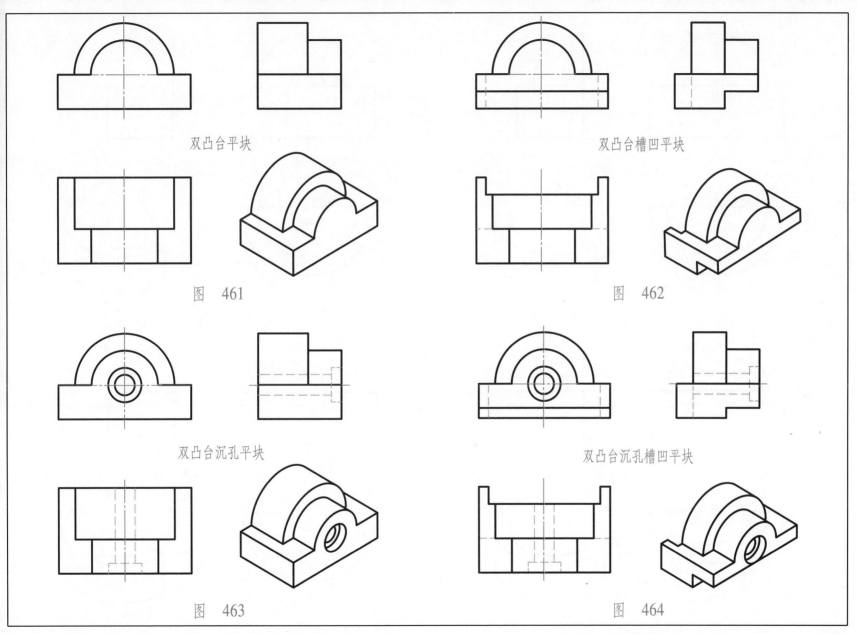

双凸台平块

图　461

双凸台槽凹平块

图　462

双凸台沉孔平块

图　463

双凸台沉孔槽凹平块

图　464

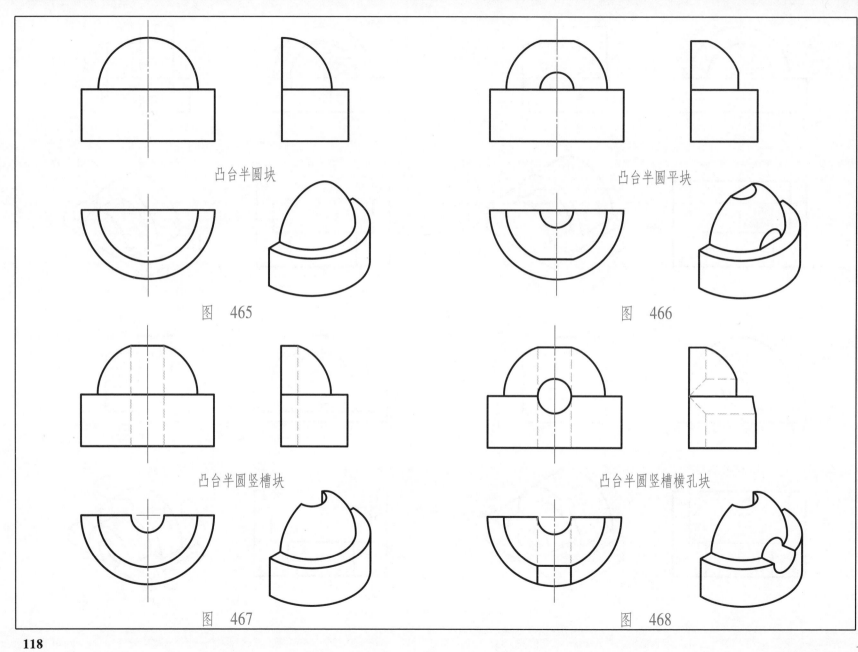

凸台半圆块

凸台半圆平块

图　465

图　466

凸台半圆竖槽块

凸台半圆竖槽横孔块

图　467

图　468

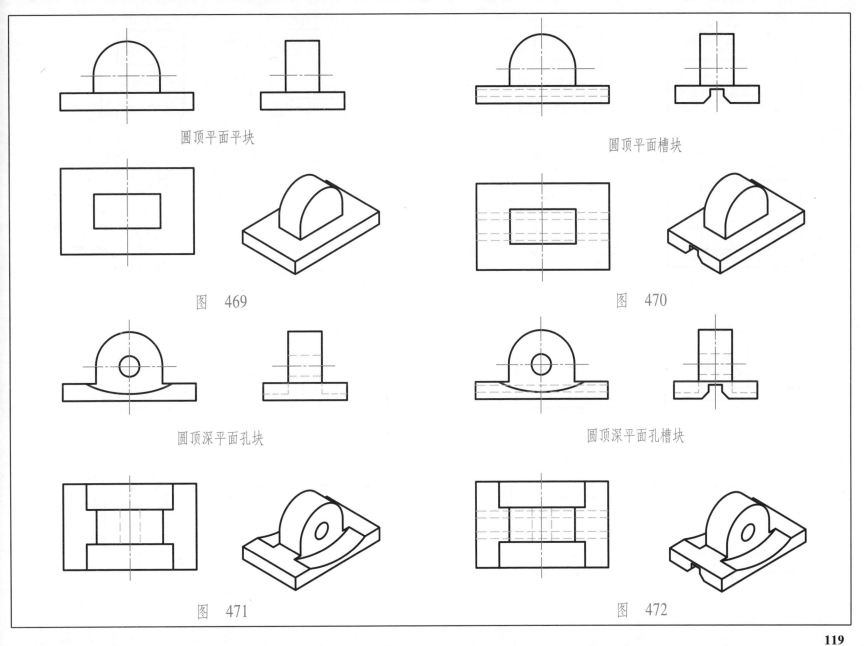

圆顶平面平块

圆顶平面槽块

图　469

图　470

圆顶深平面孔块

圆顶深平面孔槽块

图　471

图　472

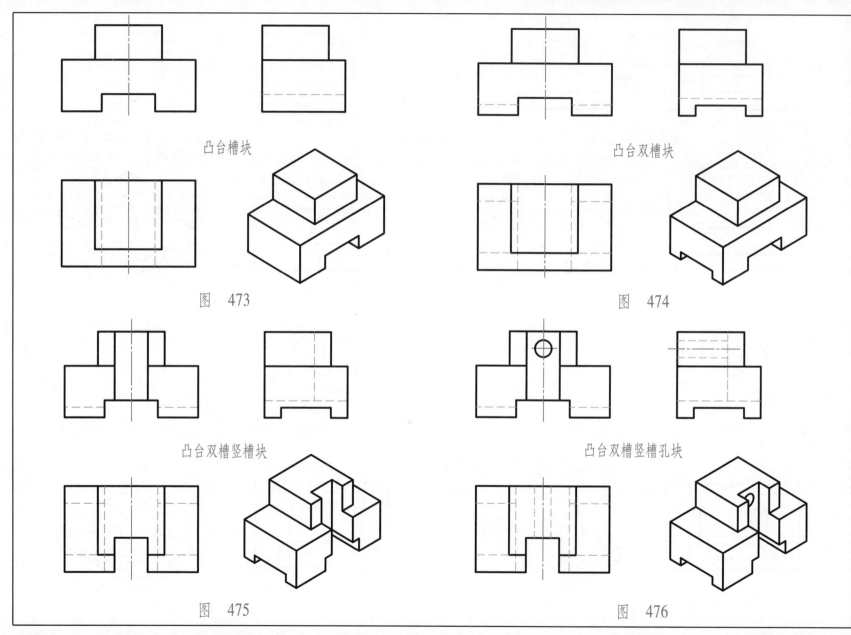

凸台槽块

图　473

凸台双槽块

图　474

凸台双槽竖槽块

图　475

凸台双槽竖槽孔块

图　476

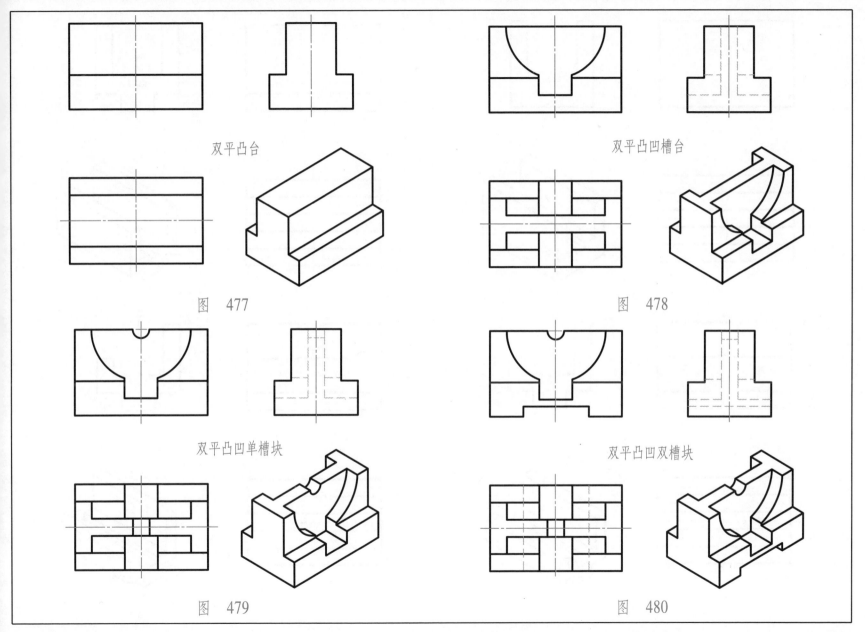

双平凸台

双平凸凹槽台

图　　477

图　　478

双平凸凹单槽块

双平凸凹双槽块

图　　479

图　　480

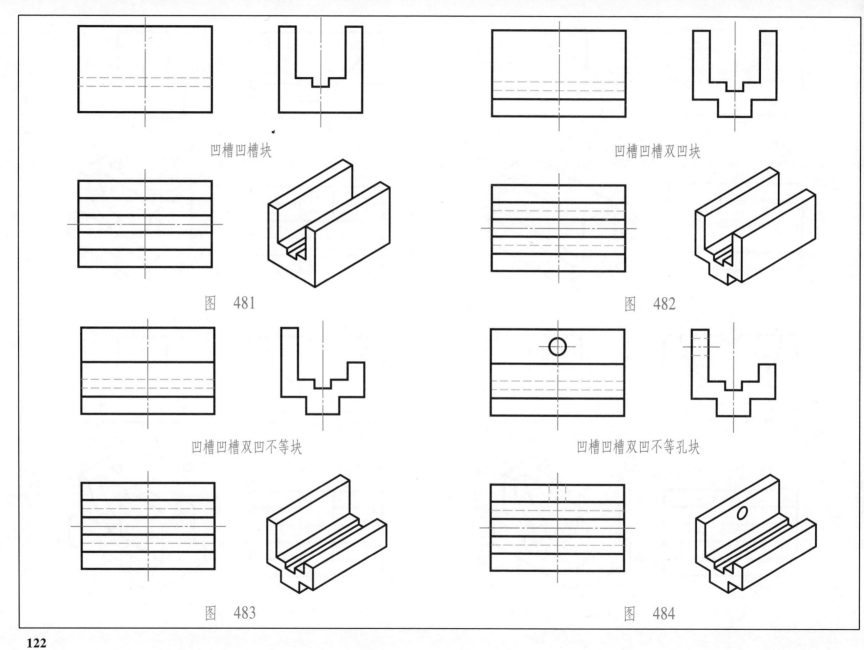

凹槽凹槽块

凹槽凹槽双凹块

图　481

图　482

凹槽凹槽双凹不等块

凹槽凹槽双凹不等孔块

图　483

图　484

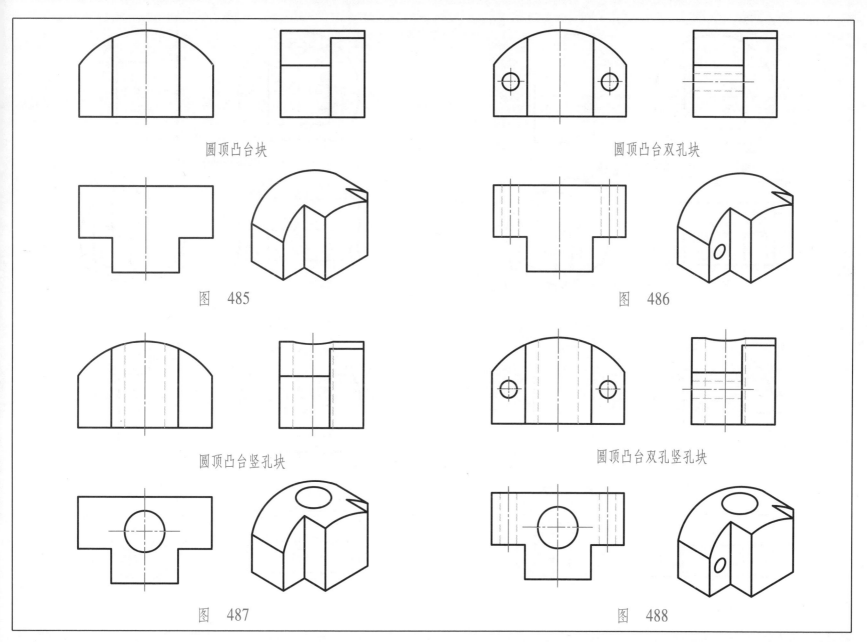

圆顶凸台块

圆顶凸台双孔块

图　485

图　486

圆顶凸台竖孔块

圆顶凸台双孔竖孔块

图　487

图　488

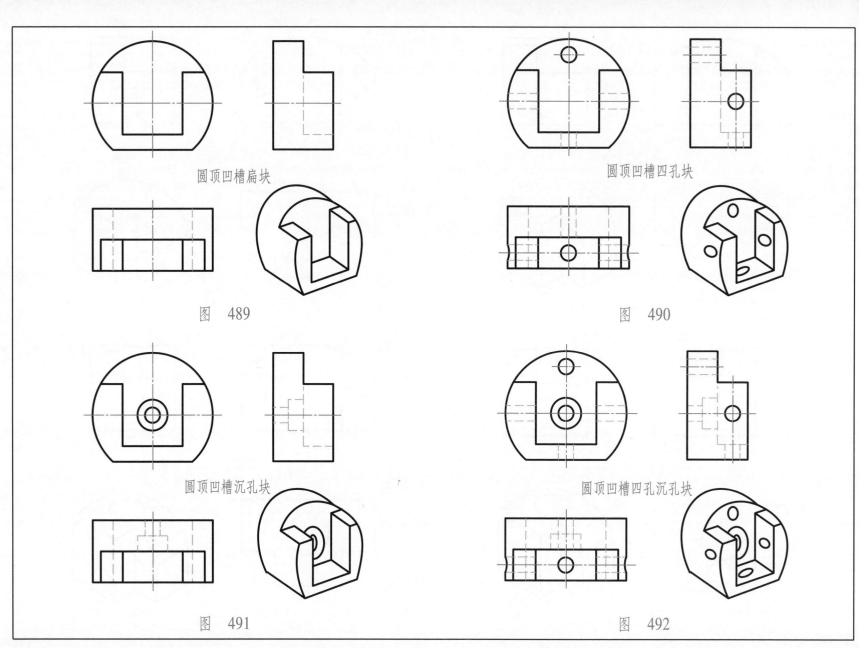

圆顶凹槽扁块

图　489

圆顶凹槽四孔块

图　490

圆顶凹槽沉孔块

图　491

圆顶凹槽四孔沉孔块

图　492

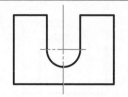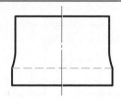

圆柱槽块

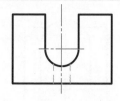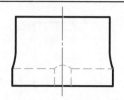

圆柱槽竖孔块

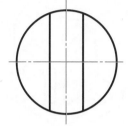

图　493

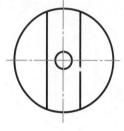

图　494

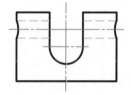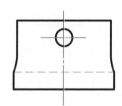

圆柱槽横孔块

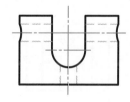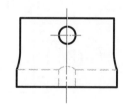

圆柱槽竖孔横孔块

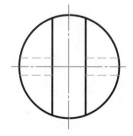

图　495

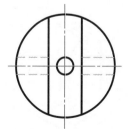

图　496

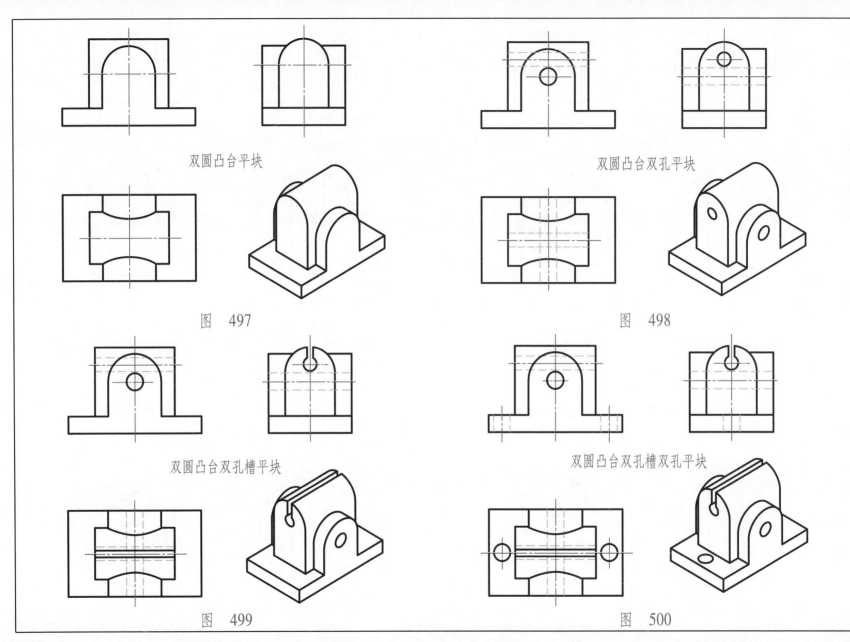

双圆凸台平块

双圆凸台双孔平块

图　497

图　498

双圆凸台双孔槽平块

双圆凸台双孔槽双孔平块

图　499

图　500

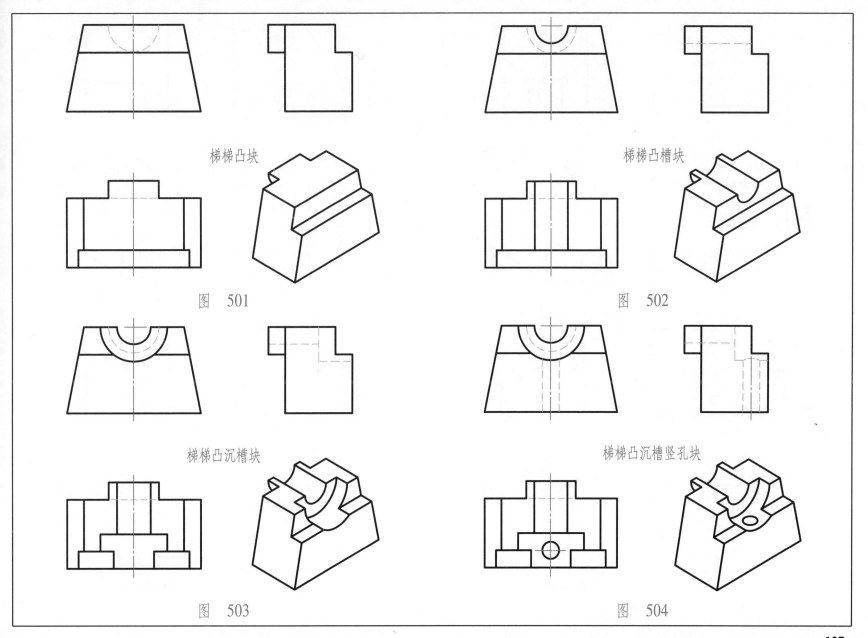

梯梯凸块

图　501

梯梯凸槽块

图　502

梯梯凸沉槽块

图　503

梯梯凸沉槽竖孔块

图　504

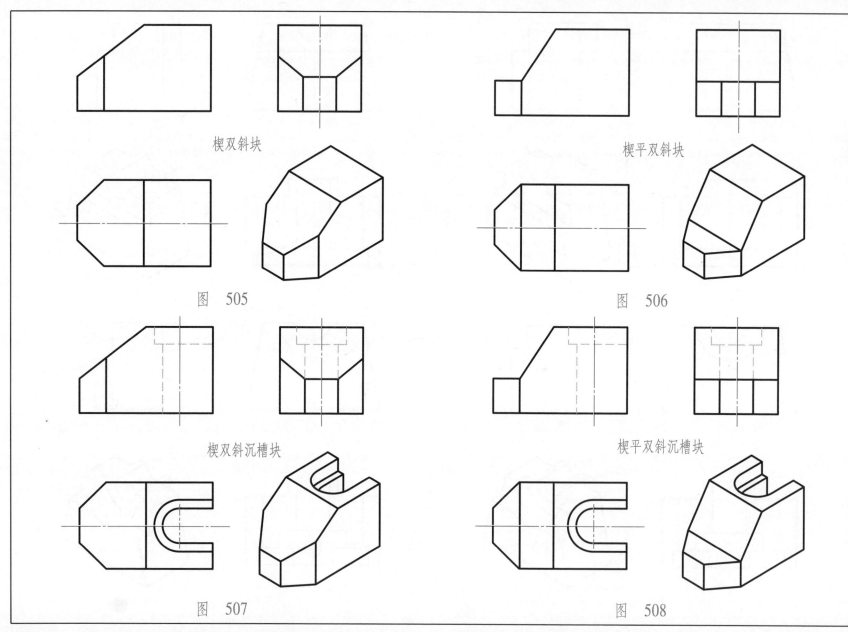

楔双斜块

图 505

楔平双斜块

图 506

楔双斜沉槽块

图 507

楔平双斜沉槽块

图 508

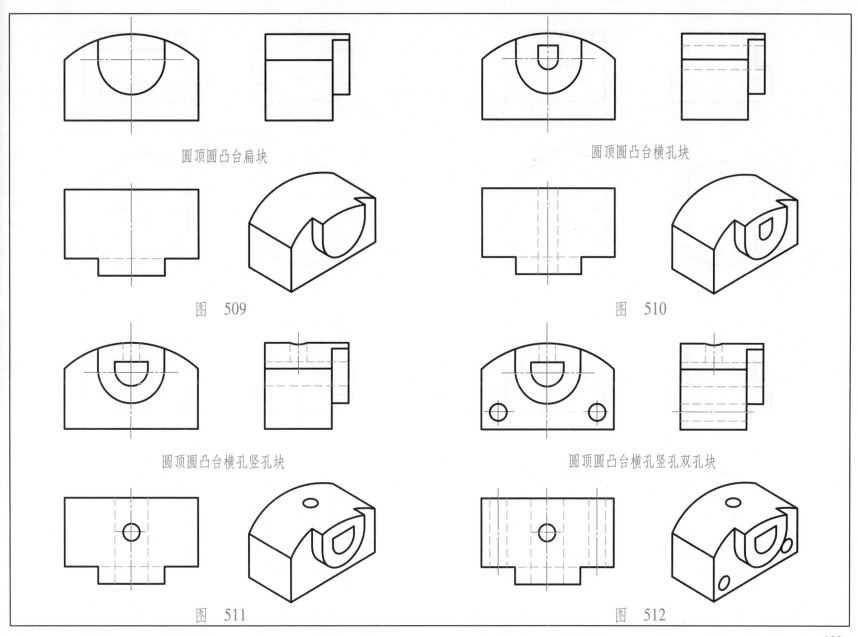

圆顶圆凸台扁块

圆顶圆凸台横孔块

图 509

图 510

圆顶圆凸台横孔竖孔块

圆顶圆凸台横孔竖孔双孔块

图 511

图 512

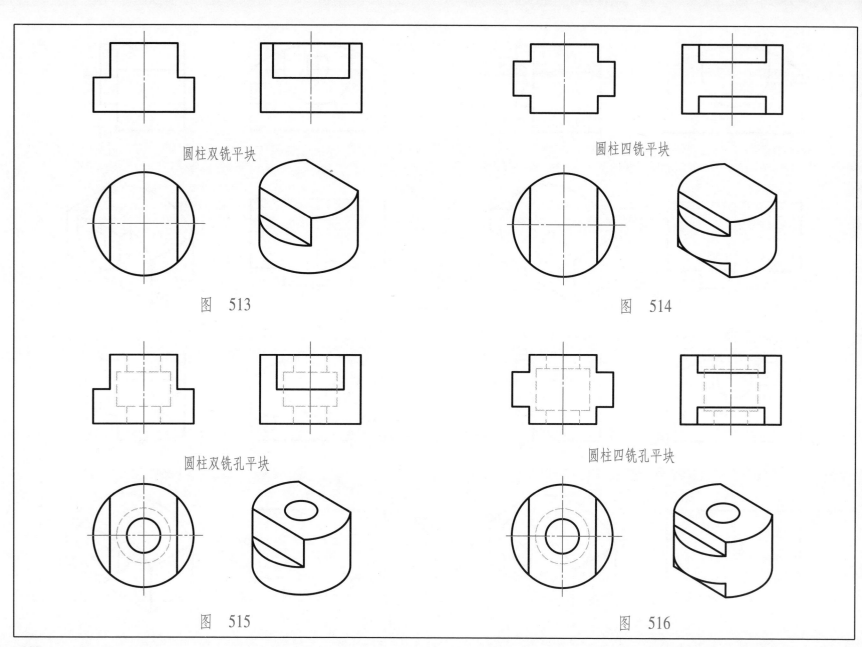

圆柱双铣平块

圆柱四铣平块

图 513

图 514

圆柱双铣孔平块

圆柱四铣孔平块

图 515

图 516

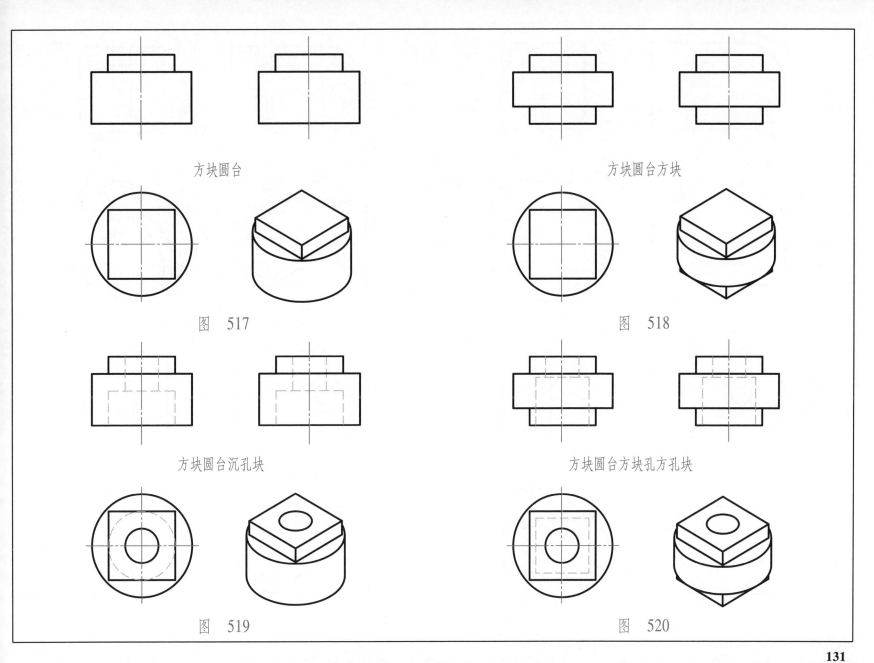

方块圆台

方块圆台方块

图 517

图 518

方块圆台沉孔块

方块圆台方块孔方孔块

图 519

图 520

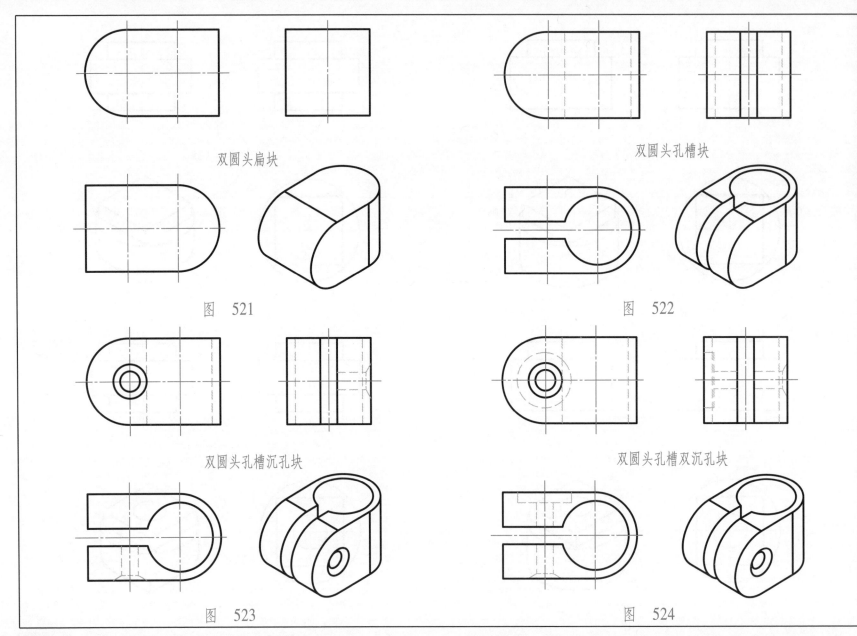

双圆头扁块

双圆头孔槽块

图　521

图　522

双圆头孔槽沉孔块

双圆头孔槽双沉孔块

图　523

图　524

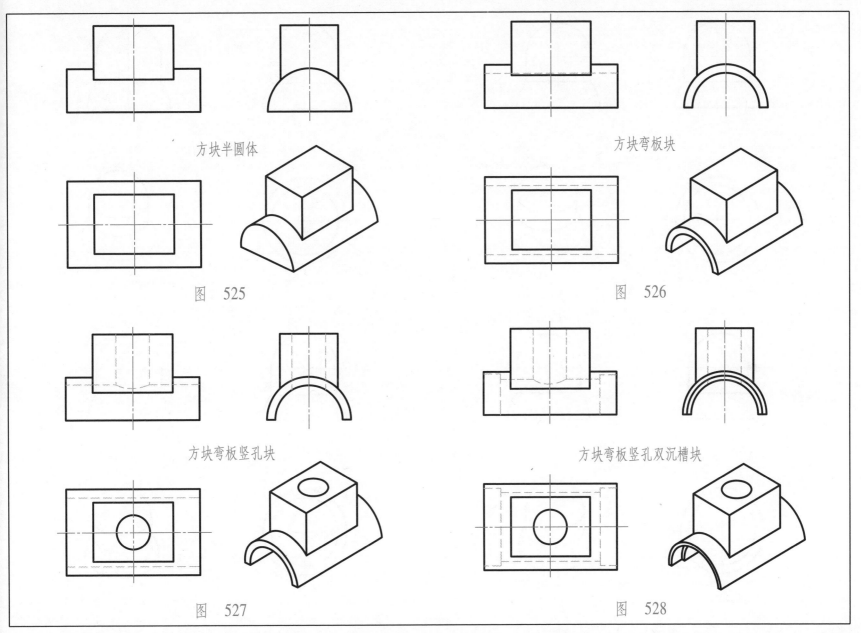

方块半圆体

方块弯板块

图 525

图 526

方块弯板竖孔块

方块弯板竖孔双沉槽块

图 527

图 528

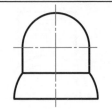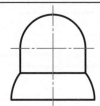

圆顶圆台

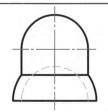

圆顶圆台圆凹块

图　　529

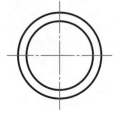

图　　530

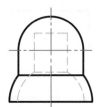

圆顶圆台圆柱孔圆凹块

圆顶圆台方孔圆凹块

图　　531

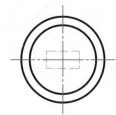

图　　532

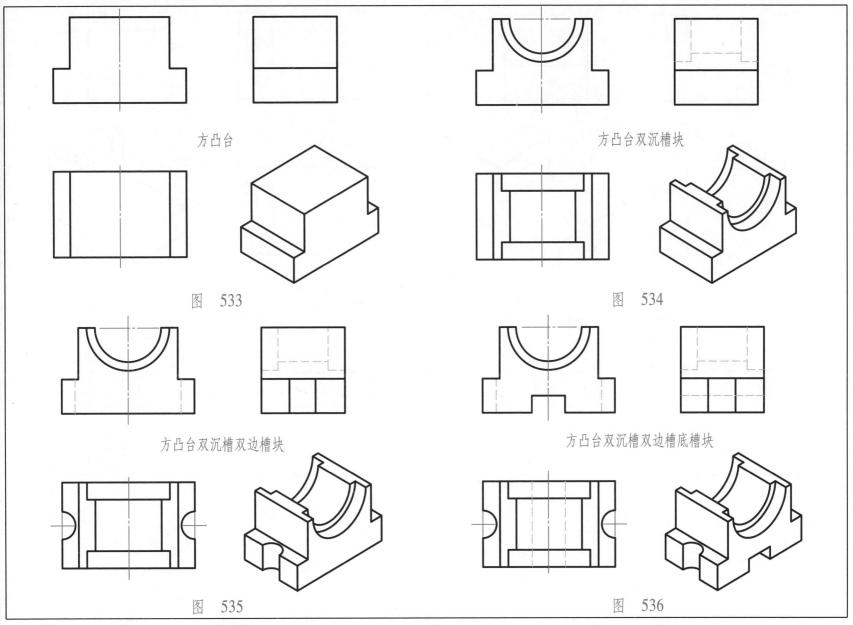

方凸台

方凸台双沉槽块

图　533

图　534

方凸台双沉槽双边槽块

方凸台双沉槽双边槽底槽块

图　535

图　536

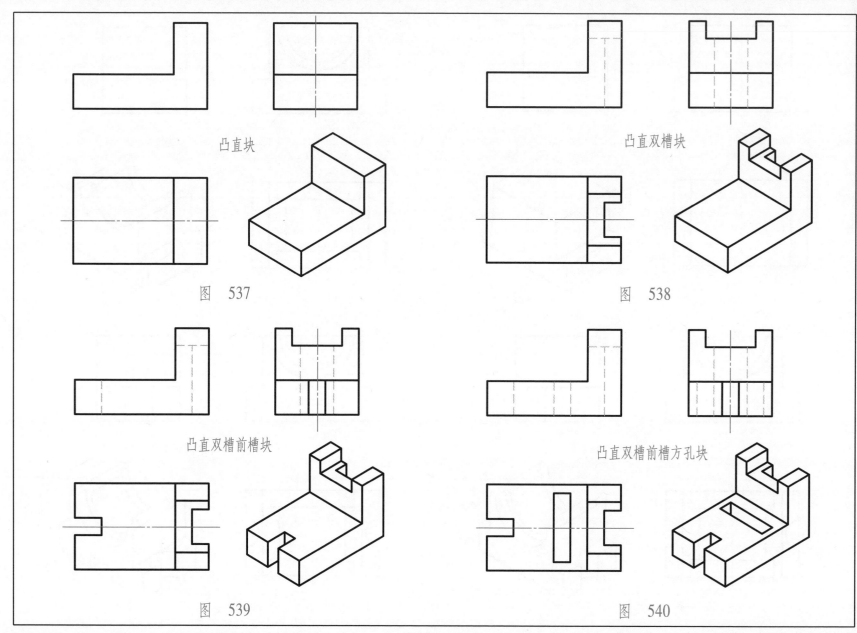

凸直块

凸直双槽块

图　537

图　538

凸直双槽前槽块

凸直双槽前槽方孔块

图　539

图　540

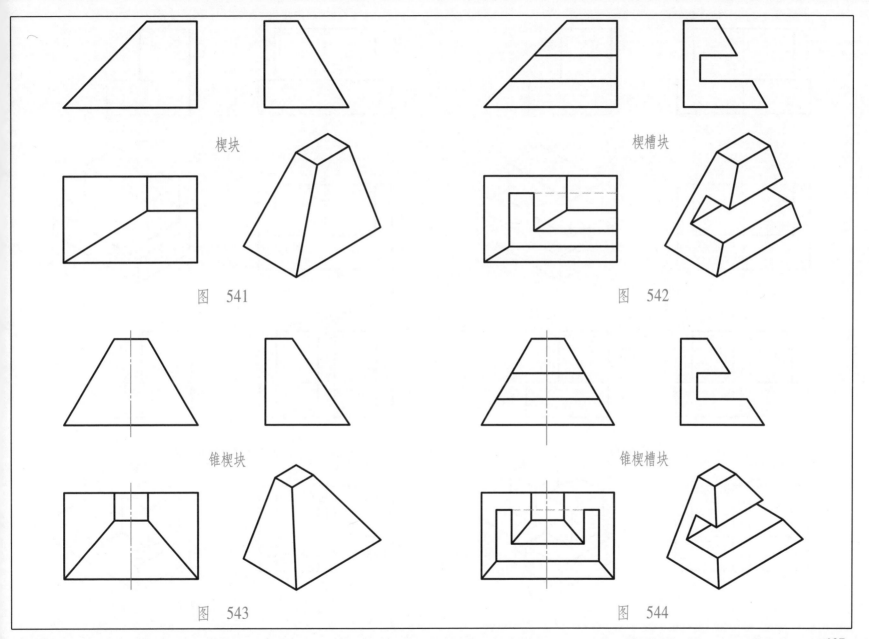

楔块

楔槽块

图　541

图　542

锥楔块

锥楔槽块

图　543

图　544

137

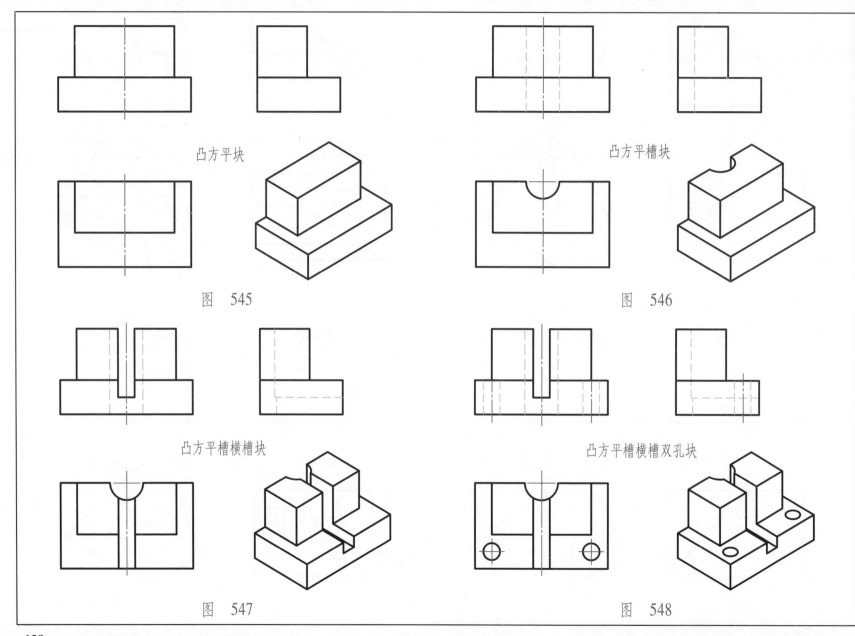

凸方平块

图 545

凸方平槽块

图 546

凸方平槽横槽块

图 547

凸方平槽横槽双孔块

图 548

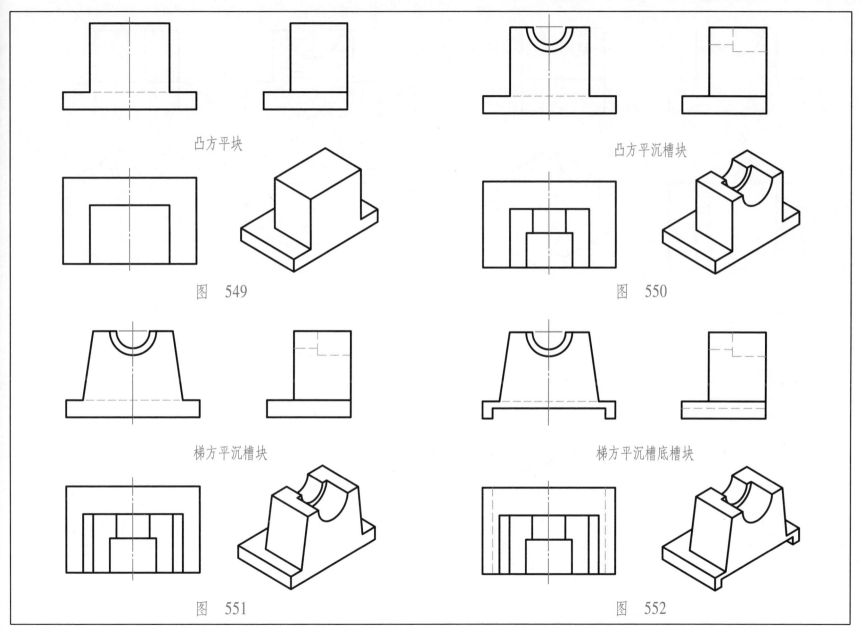

凸方平块

凸方平沉槽块

图 549

图 550

梯方平沉槽块

梯方平沉槽底槽块

图 551

图 552

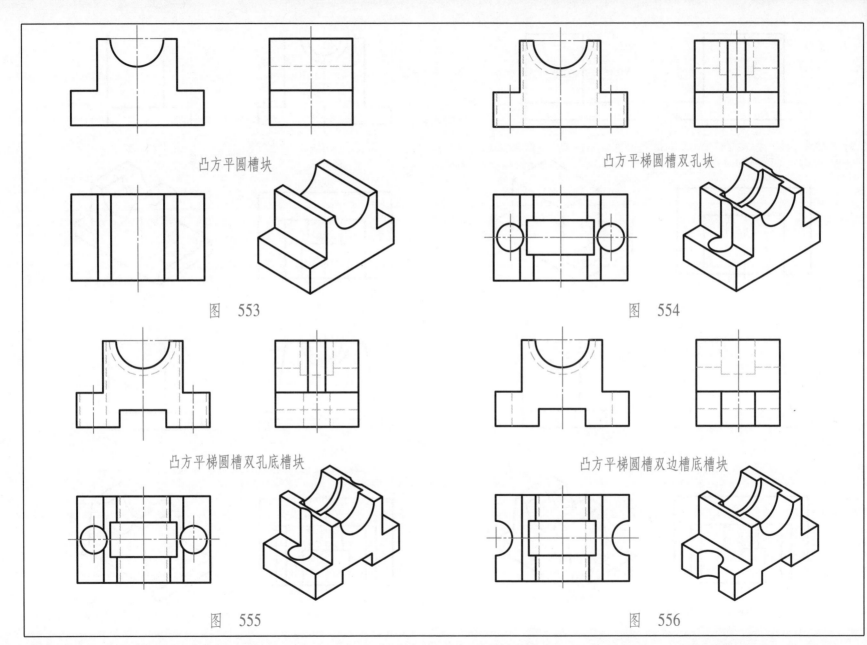

凸方平圆槽块

凸方平梯圆槽双孔块

图　553

图　554

凸方平梯圆槽双孔底槽块

凸方平梯圆槽双边槽底槽块

图　555

图　556

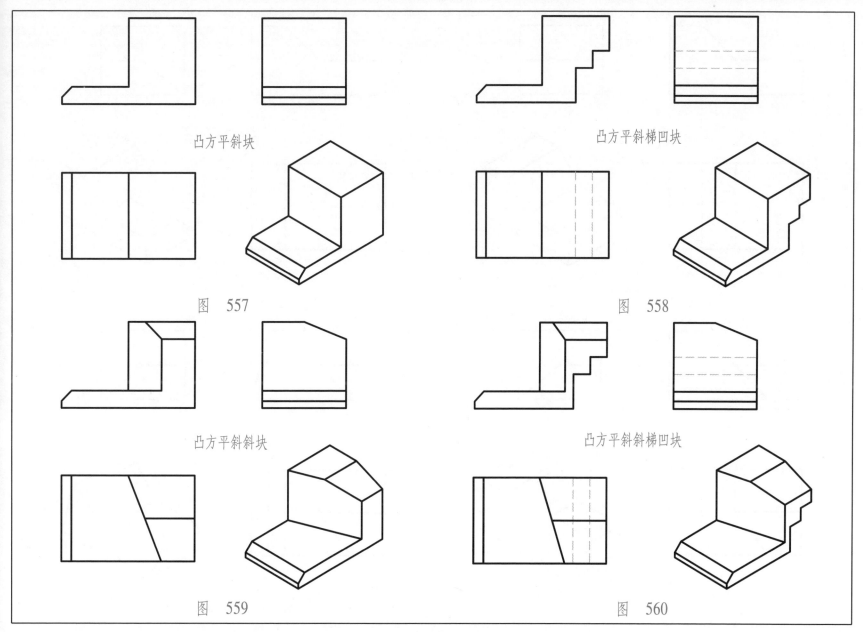

凸方平斜块

凸方平斜梯凹块

图　557

图　558

凸方平斜斜块

凸方平斜斜梯凹块

图　559

图　560

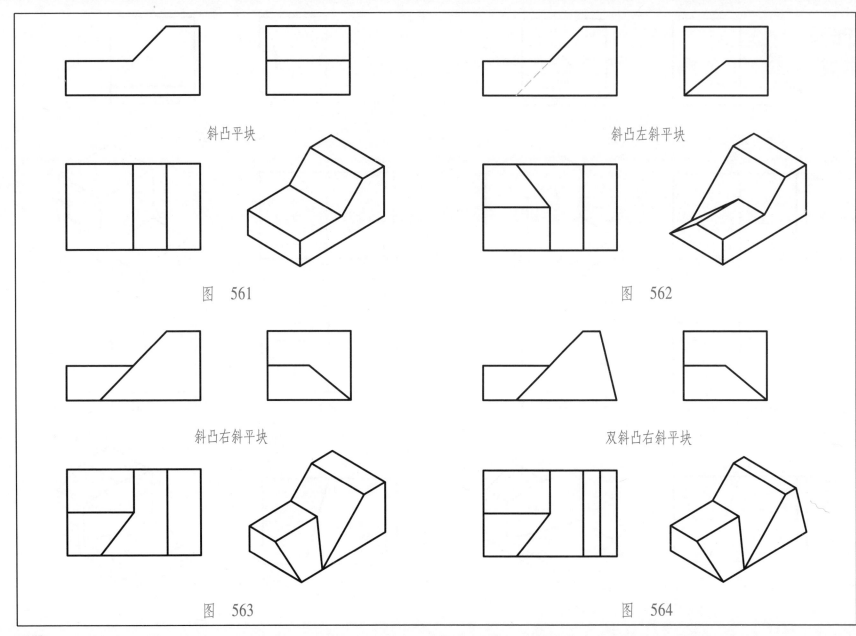

斜凸平块

斜凸左斜平块

图　561

图　562

斜凸右斜平块

双斜凸右斜平块

图　563

图　564

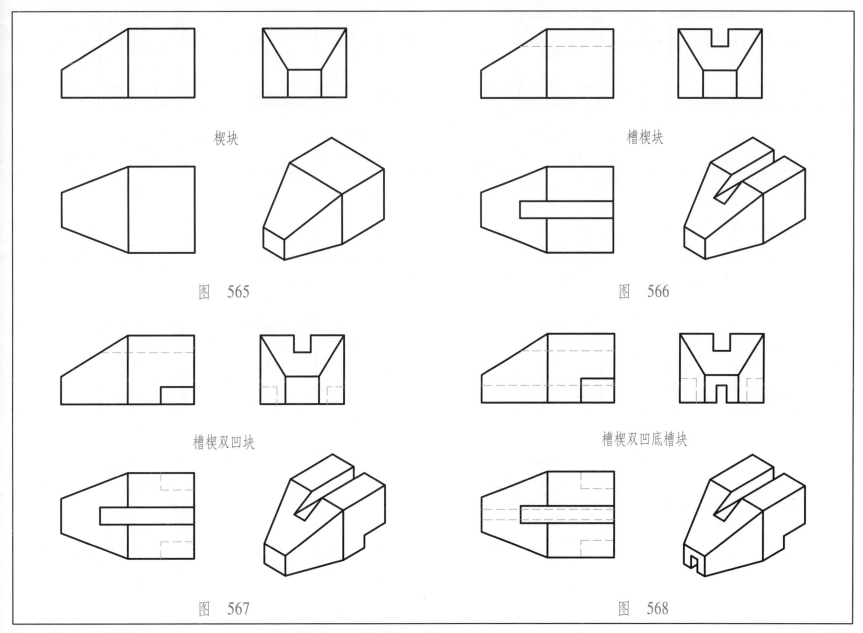

楔块

槽楔块

图　565

图　566

槽楔双凹块

槽楔双凹底槽块

图　567

图　568

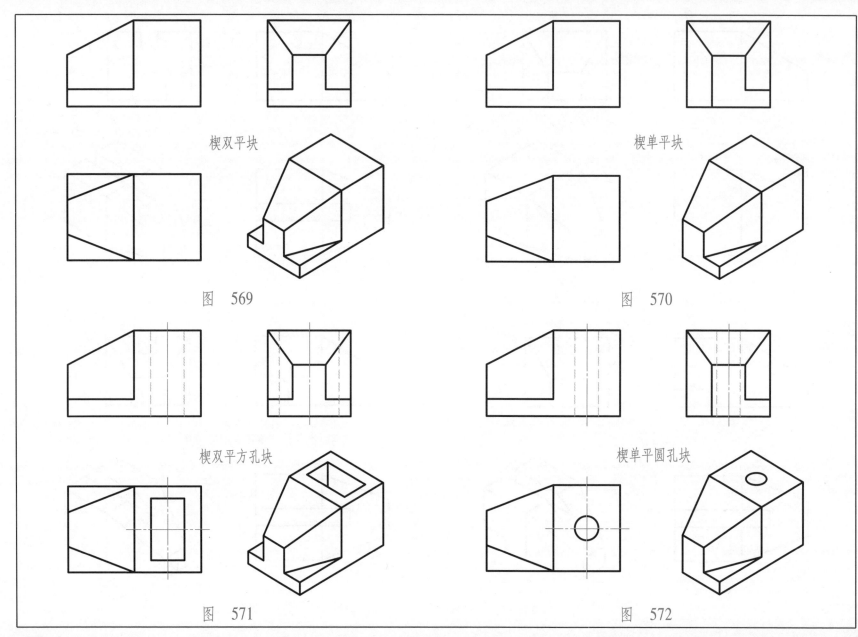

楔双平块

楔单平块

图　569

图　570

楔双平方孔块

楔单平圆孔块

图　571

图　572

144

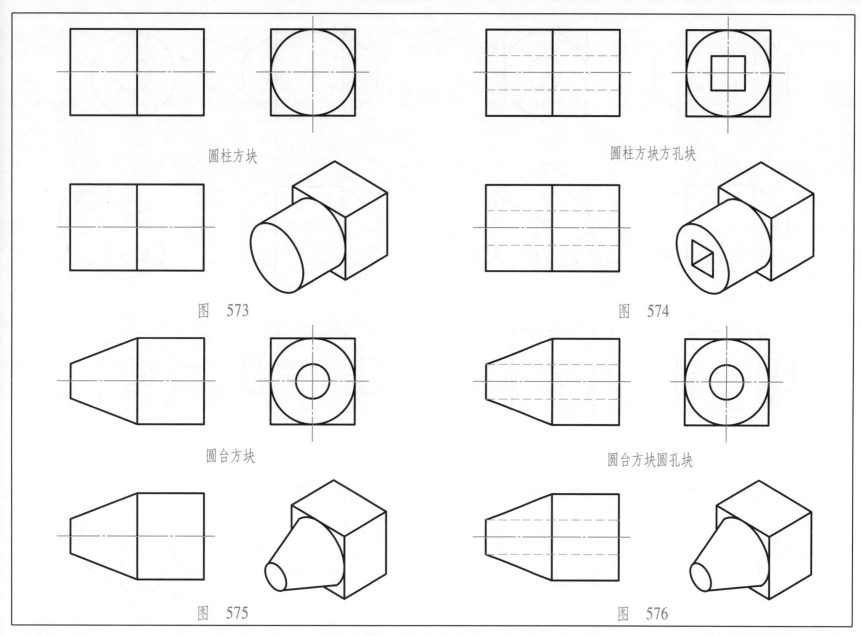

圆柱方块

圆柱方块方孔块

图 573

图 574

圆台方块

圆台方块圆孔块

图 575

图 576

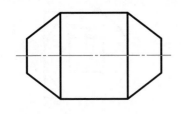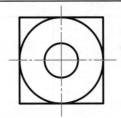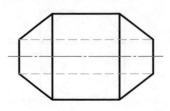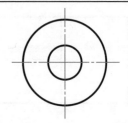

圆台方块圆台块   圆台圆柱圆台孔块

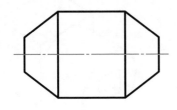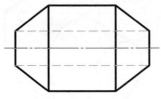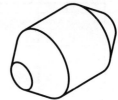

图 577   图 578

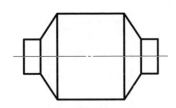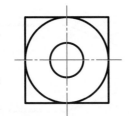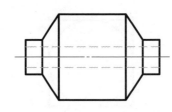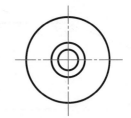

圆柱圆台方块圆台圆柱块   圆柱圆台圆柱圆台圆柱孔块

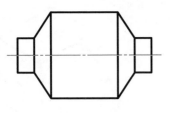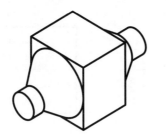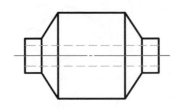

图 579   图 580

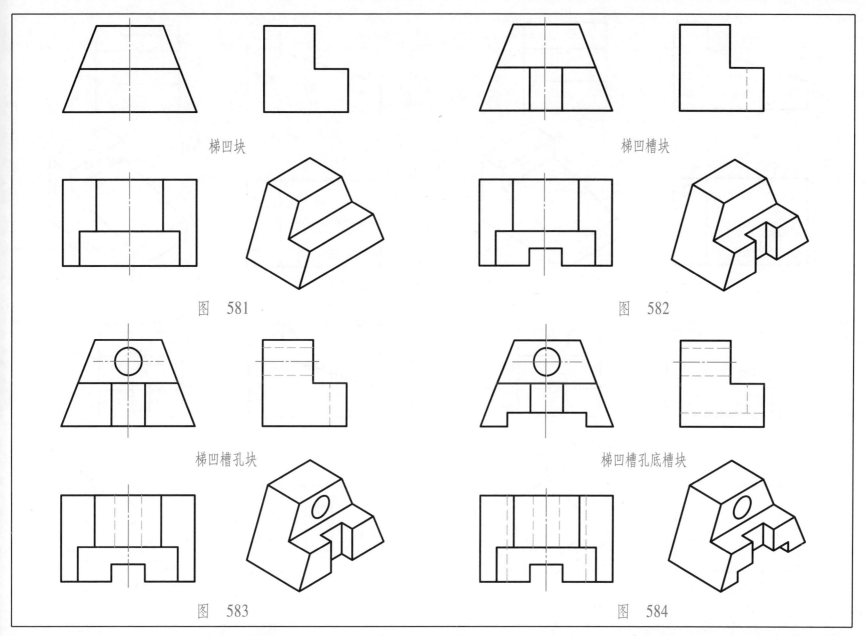

梯凹块

梯凹槽块

图　581

图　582

梯凹槽孔块

梯凹槽孔底槽块

图　583

图　584

147

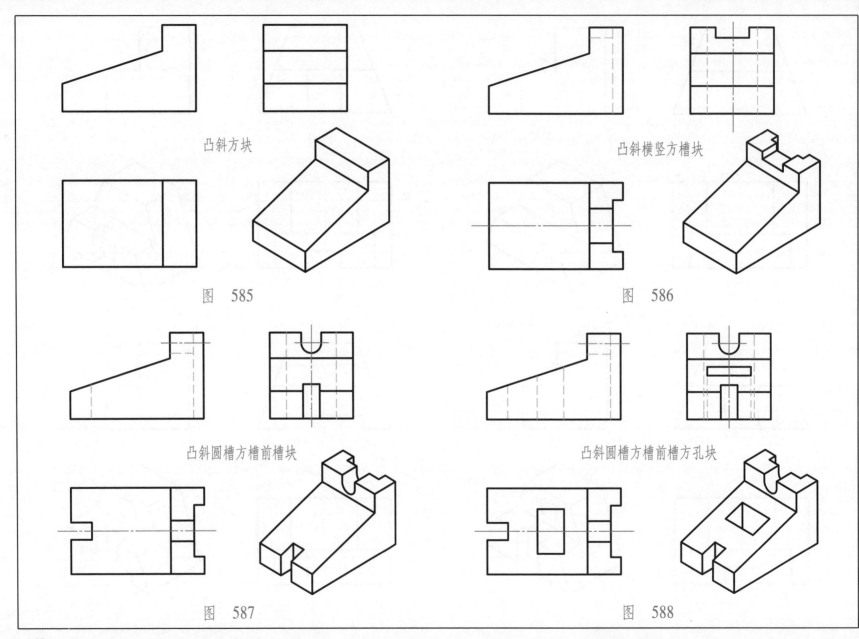

凸斜方块

凸斜横竖方槽块

图　585

图　586

凸斜圆槽方槽前槽块

凸斜圆槽方槽前槽方孔块

图　587

图　588

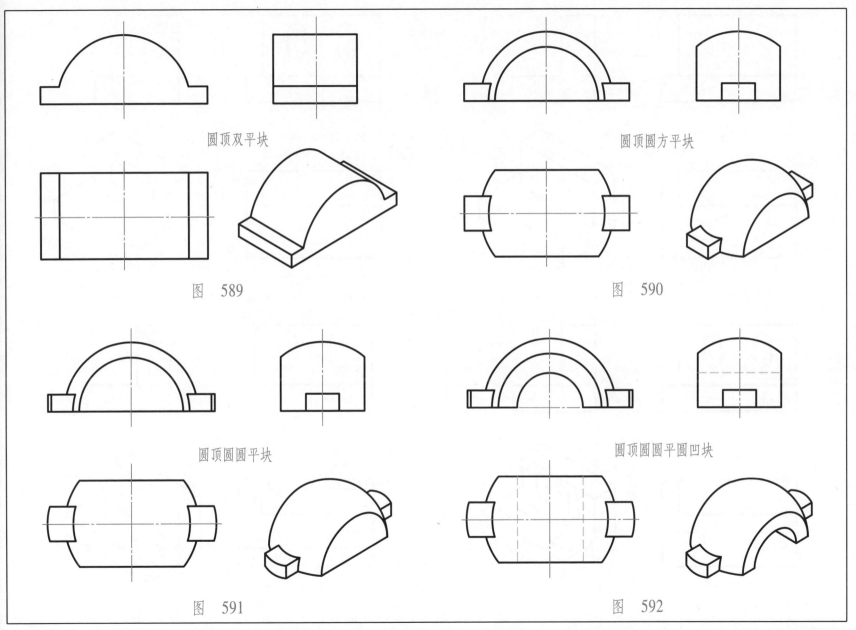

圆顶双平块

圆顶圆方平块

图 589

图 590

圆顶圆圆平块

圆顶圆圆平圆凹块

图 591

图 592

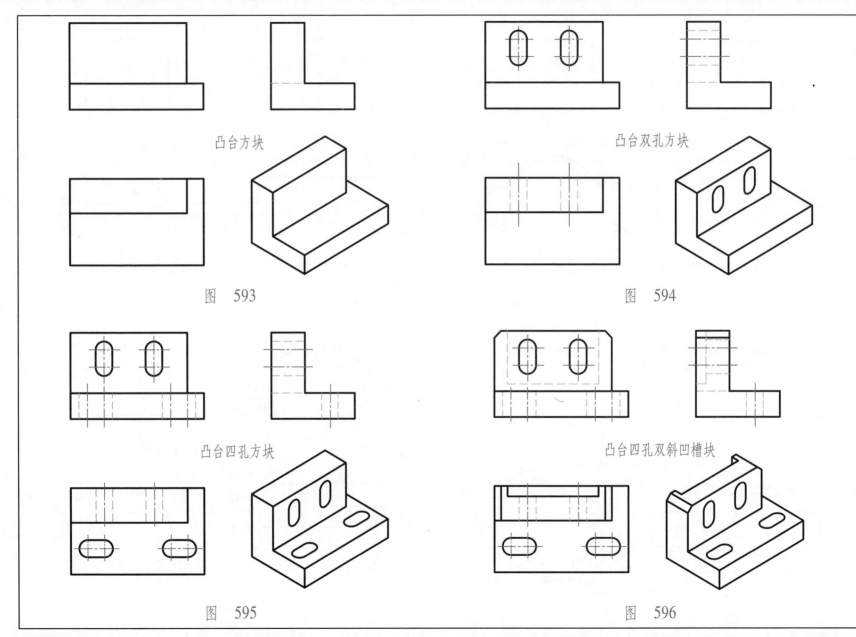

凸台方块

凸台双孔方块

图　593

图　594

凸台四孔方块

凸台四孔双斜凹槽块

图　595

图　596

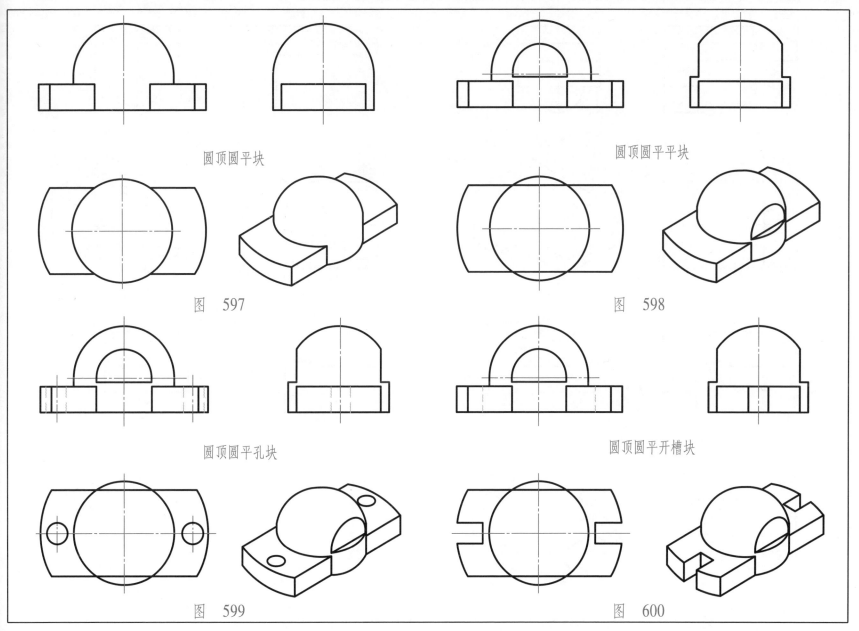

圆顶圆平块　　　　　　　　　　　　　　　　圆顶圆平平块

图　597　　　　　　　　　　　　　　　　　　图　598

圆顶圆平孔块　　　　　　　　　　　　　　　　圆顶圆平开槽块

图　599　　　　　　　　　　　　　　　　　　图　600

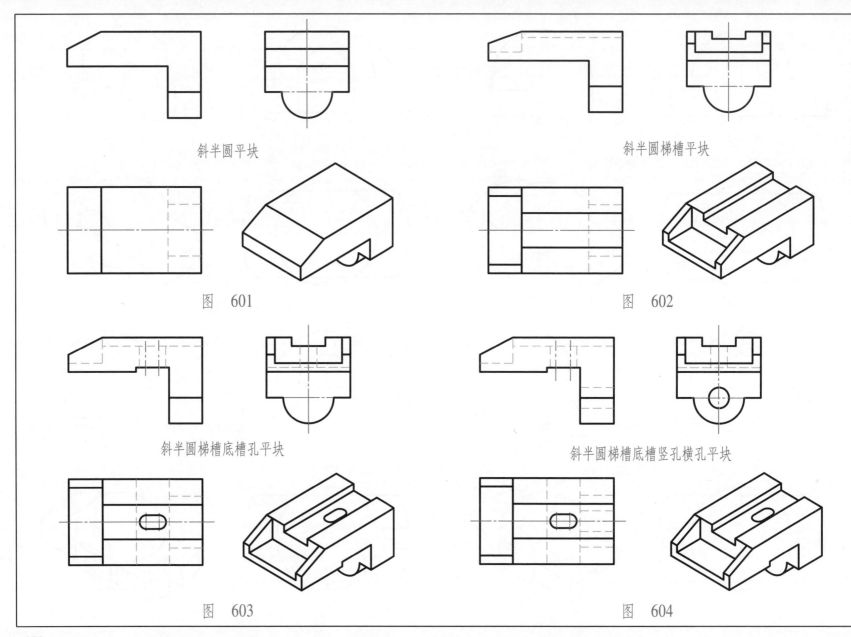

斜半圆平块　　　　　　　　　　　　　　　　斜半圆梯槽平块

图　601　　　　　　　　　　　　　　　图　602

斜半圆梯槽底槽孔平块　　　　　　　　　　斜半圆梯槽底槽竖孔横孔平块

图　603　　　　　　　　　　　　　　　图　604

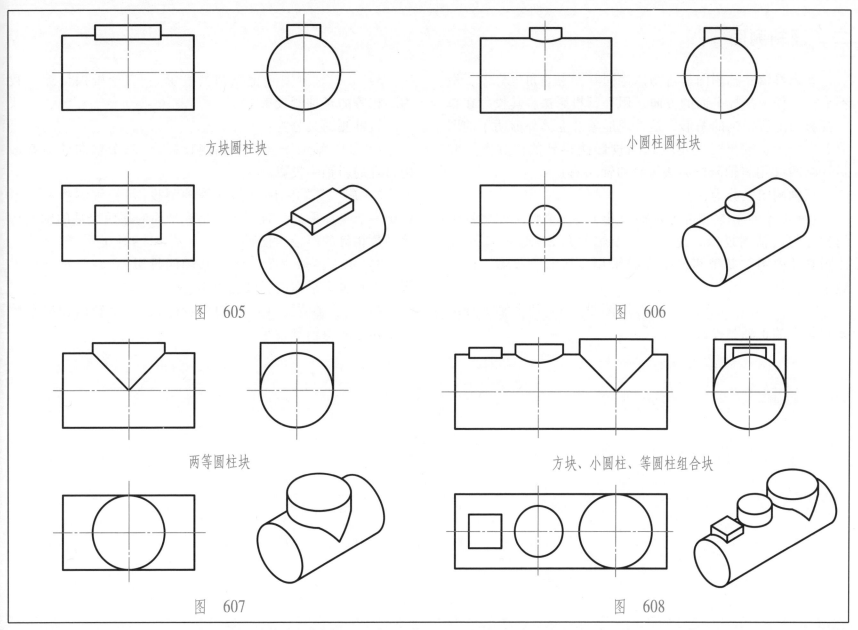

方块圆柱块

小圆柱圆柱块

图　605

图　606

两等圆柱块

方块、小圆柱、等圆柱组合块

图　607

图　608

二、画轴测图

本章导读：轴测图是将物体连同其参考直角坐标系，沿不平行于任一坐标平面的方向，用平行投影法将其投射在单一投影面上所得到的图形，是直观形象及立体外形明了的图形。它分为正轴测图（用正轴测投影法得到的轴测图）和斜轴测图（用斜轴测投影法得到的轴测图）。

正轴测图又分为：

1）正等轴测图（正等轴测投影）：三个轴向伸缩系数均相等的正轴测投影，此时，三个轴间角相等。在"由立体图画三视图"章节里，基本都采用正等轴测投影，已经做了充分练习。

2）正二等轴测图（正二等轴测投影）：两个轴向伸缩系数相等的正轴测投影。

3）正三轴测图（正三轴测投影）：三个轴向伸缩系数均不相等的正轴测投影。

斜轴测图又分为：

1）斜等轴测图（斜等轴测投影）：三个轴向伸缩系数均相等的斜轴测投影。

2）斜二等轴测图（斜二等轴测投影）：轴测投影面平行于一个坐标平面，且平行于坐标平面的那两个轴的轴向伸缩系数相等的斜轴测投影。

3）水平斜轴测图（水平斜轴测投影）：轴测投影面平行于水平坐标平面的斜轴测投影。

4）斜三轴测图（斜三轴测投影）：三个轴向伸缩系数均不相等的斜轴测投影。

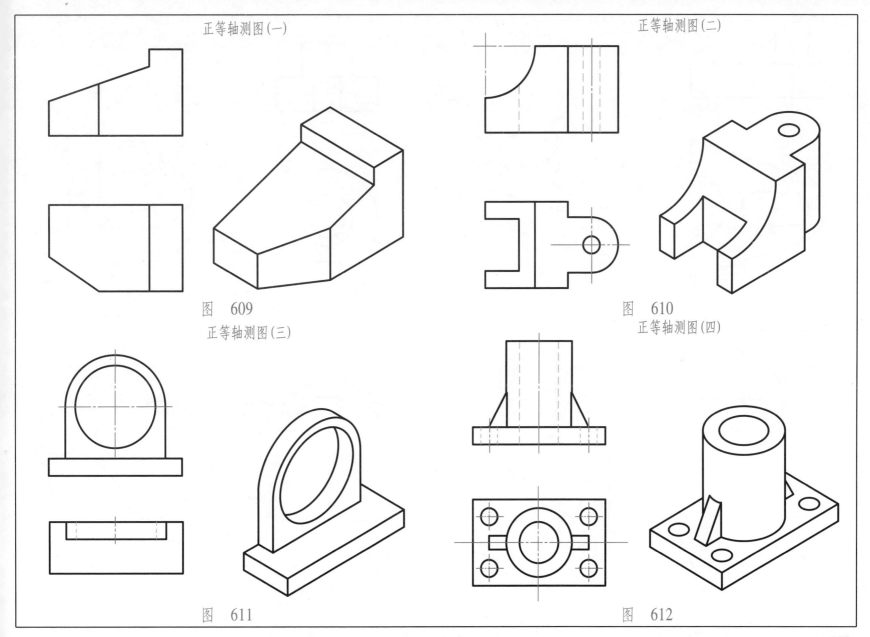

正等轴测图(一)

正等轴测图(二)

图 609

图 610

正等轴测图(三)

正等轴测图(四)

图 611

图 612

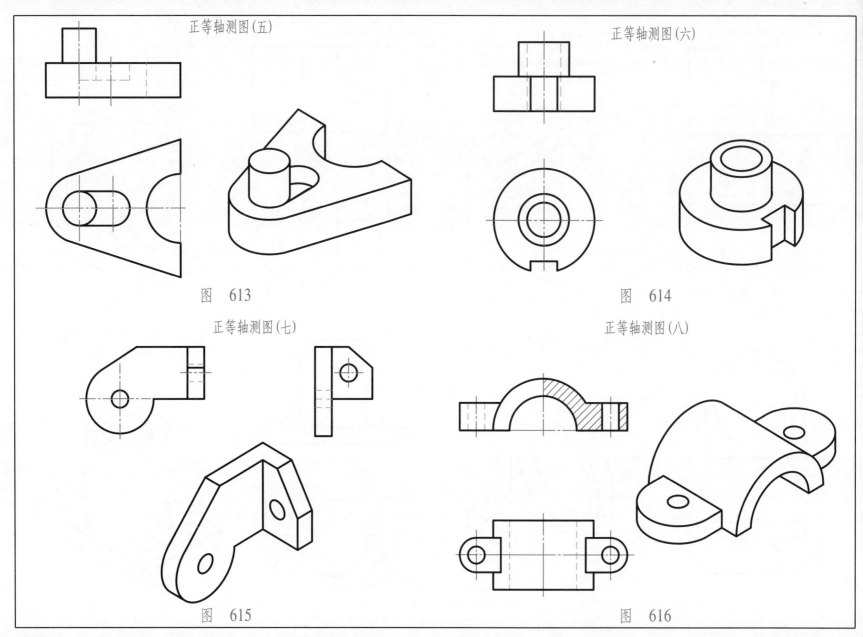

正等轴测图(五)

图 613

正等轴测图(六)

图 614

正等轴测图(七)

图 615

正等轴测图(八)

图 616

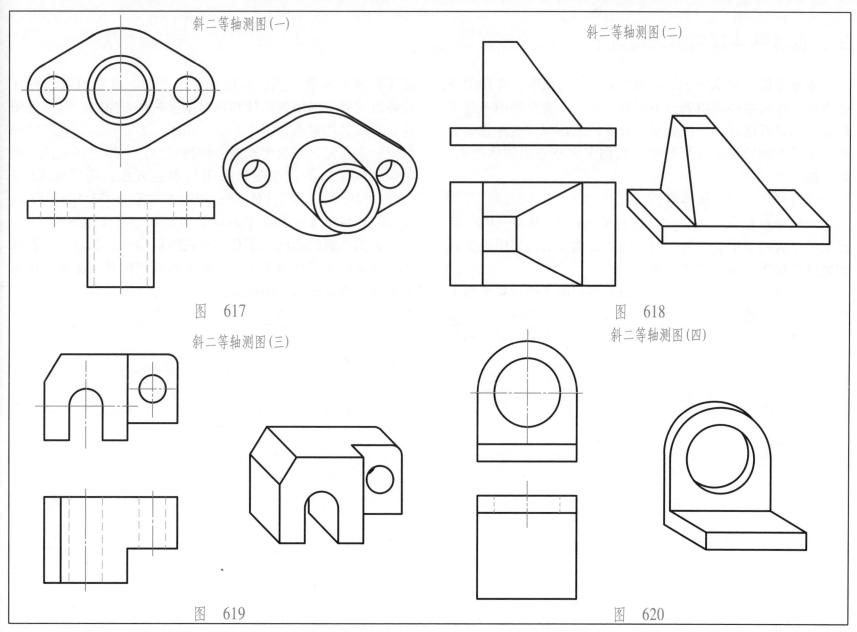

斜二等轴测图(一)

斜二等轴测图(二)

图 617

图 618

斜二等轴测图(三)

斜二等轴测图(四)

图 619

图 620

三、机械零件常用的表达方法

本章导读：本章用 110 幅图例来表述机械零件常用的表达方法。机械零件视图表达主要有三点：一是比例的选择要合适，二是所选取视图的数量要恰当，三是视图的布置要合理。本章图例的特点是用最少的视图来完整表达物体的内、外结构。

在选择比例时，画零件图优先选用 1：1 的比例。若零件尺寸较小或较大，可选用国家标准 GB/T 14690—1993 所规定的放大或缩小的比例。用适当的比例及适当的图纸幅面就能将机械零件完整地表达出来。

视图选择的原则：①零件一般是按它的工作位置或加工位置、安装位置，并取零件信息量最多的那个视图作为主视图；②所取视图（包括剖视图、断面图、局部视图、斜视图等）的数量要恰当，以能完全、正确、清楚地表达零件及各组成部分的结构形状和相对位置关系为原则，每个视图应有它的表达重点，避免在一个视图上表达投影重叠的结构情况；③在左、右视图及俯、仰视图中，一般优先选用左视图和俯视图；④各视图所采用的表达方法，应遵守 GB/T 17451—1998、GB/T 17452—1998、GB/T 16675.1—2012 以及 GB/T 4458.1—2002 中的规定。

视图布置的原则：①各基本视图应尽量按规定的位置配置，其他图形尽可能位于有关的基本视图附近；②布置视图时，要考虑合理利用图纸幅面，并注意留出标注尺寸及表面粗糙度等要求的空位。

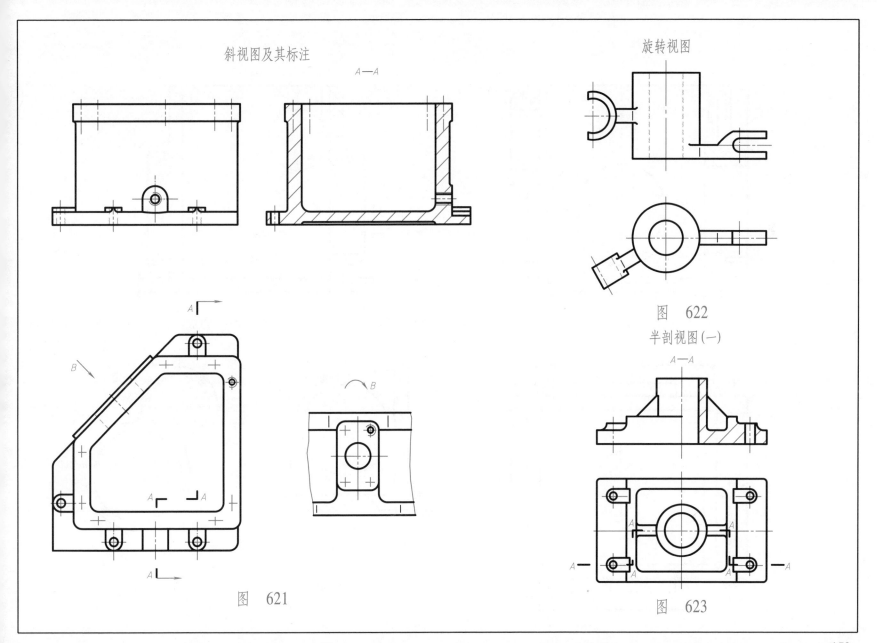

斜视图及其标注

$A—A$

旋转视图

图　　622

半剖视图(一)

$A—A$

图　621

图　623

局部视图及其标注

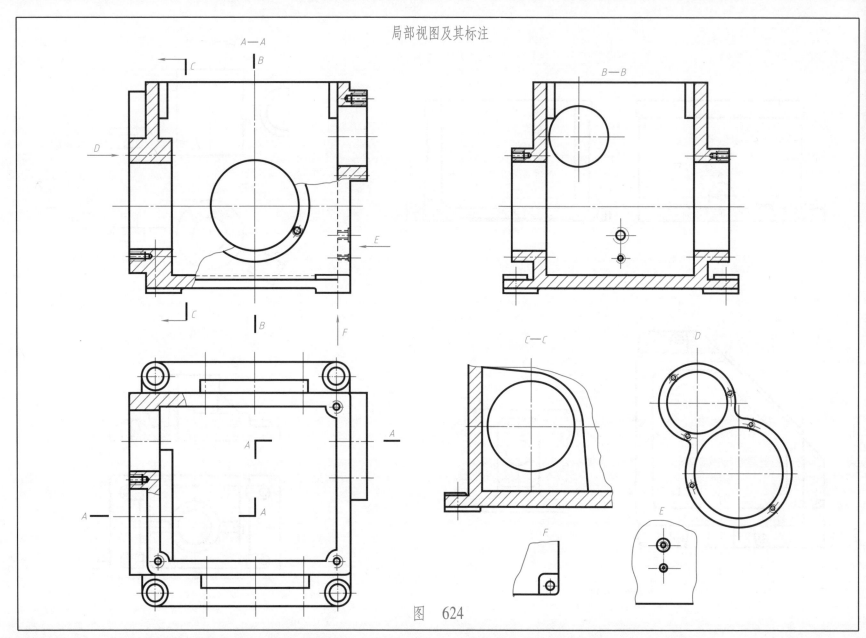

图　624

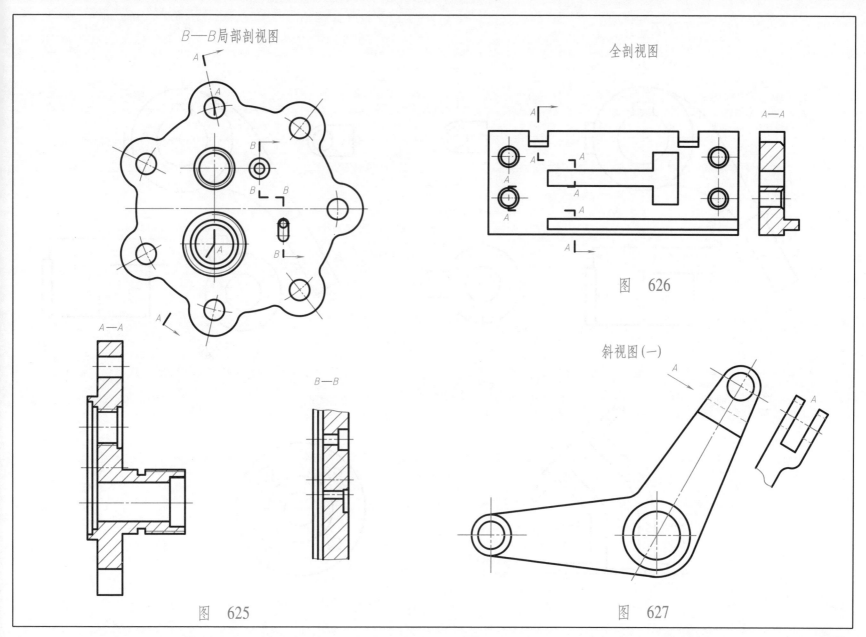

B—B局部剖视图

全剖视图

A—A

图　626

A—A

B—B

斜视图(一)

图　625

图　627

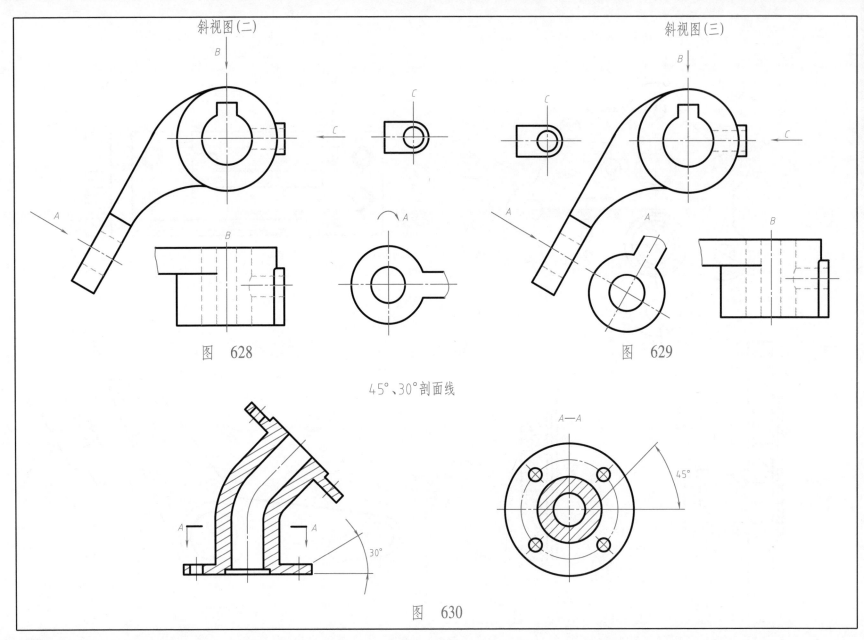

斜视图(二)

斜视图(三)

图 628

图 629

45°、30°剖面线

图 630

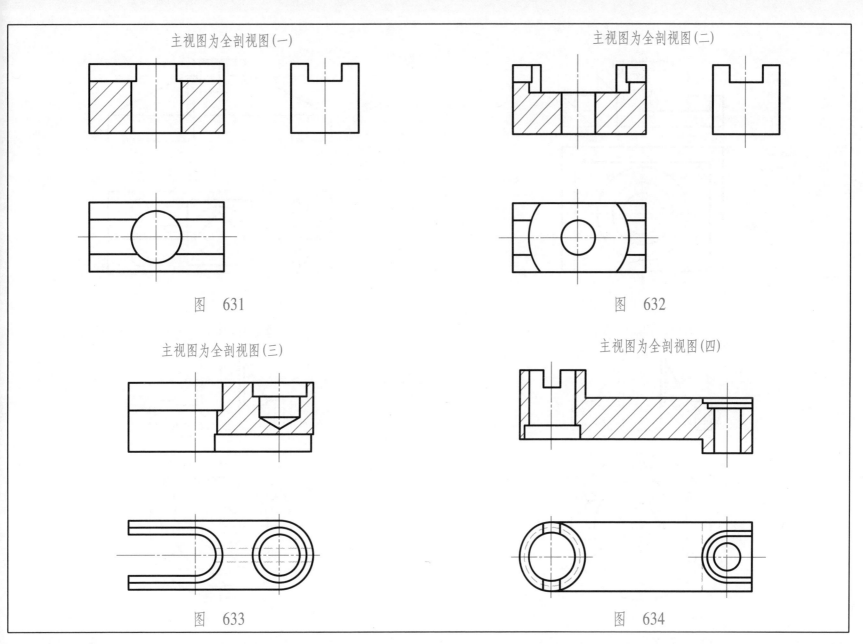

主视图为全剖视图(一)

主视图为全剖视图(二)

图　631

图　632

主视图为全剖视图(三)

主视图为全剖视图(四)

图　633

图　634

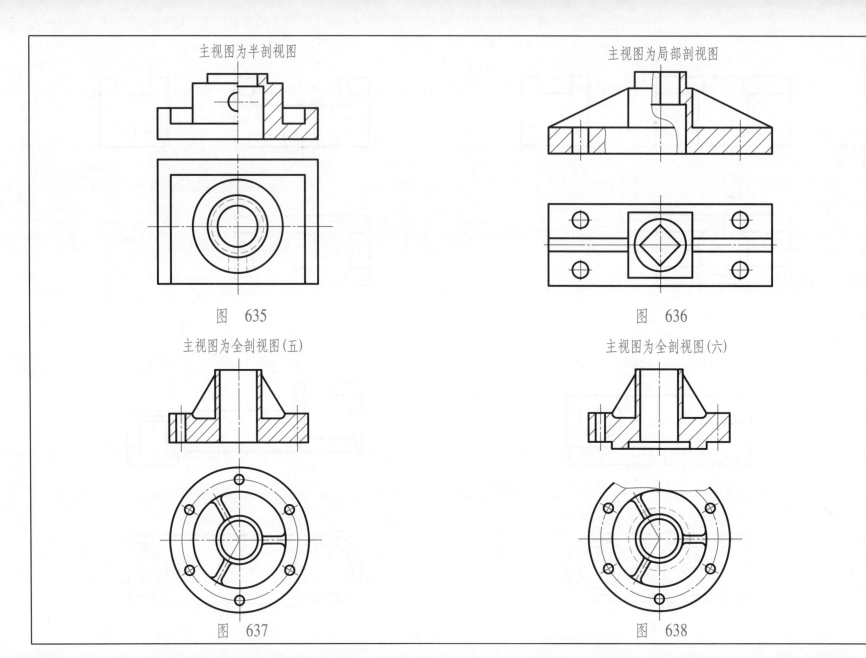

主视图为半剖视图

图 635

主视图为局部剖视图

图 636

主视图为全剖视图(五)

图 637

主视图为全剖视图(六)

图 638

主视图为半剖视图、左视图为全剖视图(一)

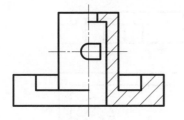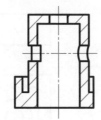

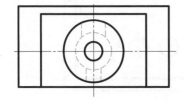

图 639

主视图和左视图都为全剖视图(一)

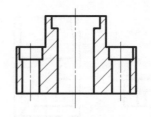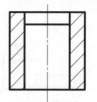

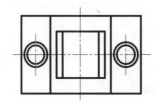

图 640

主视图为全剖视图(七)

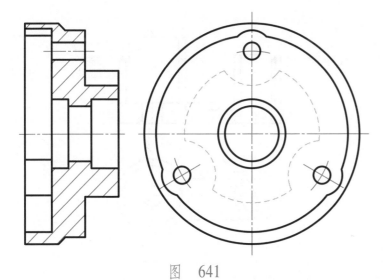

图 641

旋转剖视图(一)

A—A展开

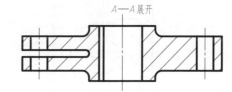

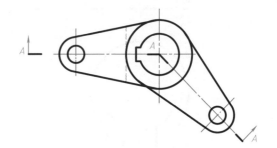

图 642

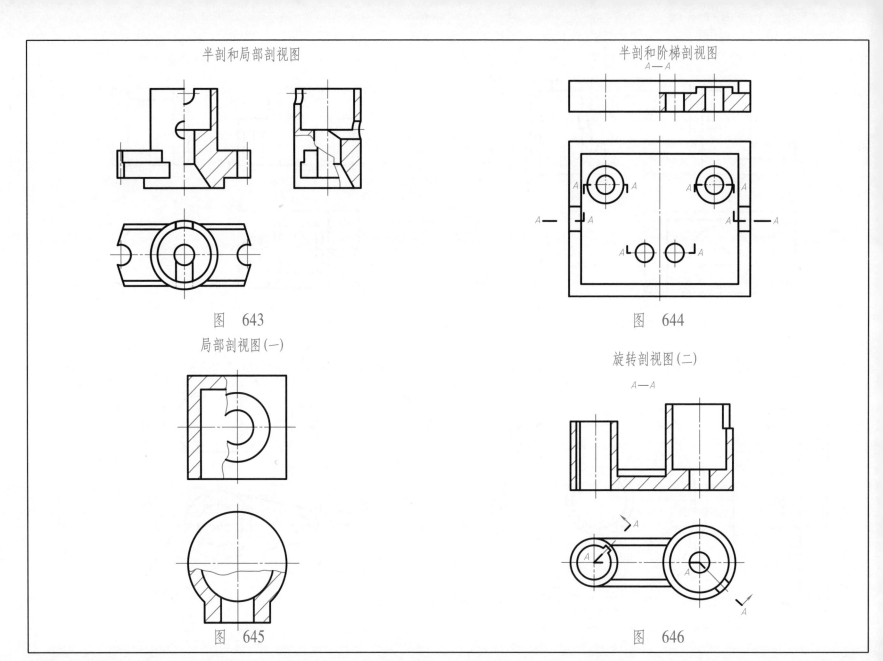

半剖和局部剖视图

图 643

半剖和阶梯剖视图

$A—A$

图 644

局部剖视图(一)

图 645

旋转剖视图(二)

$A—A$

图 646

主视图为全剖视图(八)

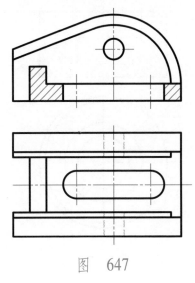

图　647

主视图为全剖视图(九)

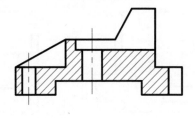

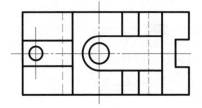

图　648

主视图为半剖视图、俯视图为A—A半剖视图

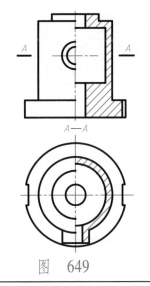

图　649

主视图为半剖视图、左视图为全剖视图(二)

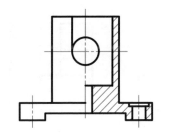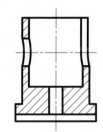

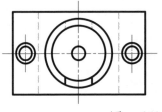

图　650

主视图为半剖视图、左视图为全剖视图(三)

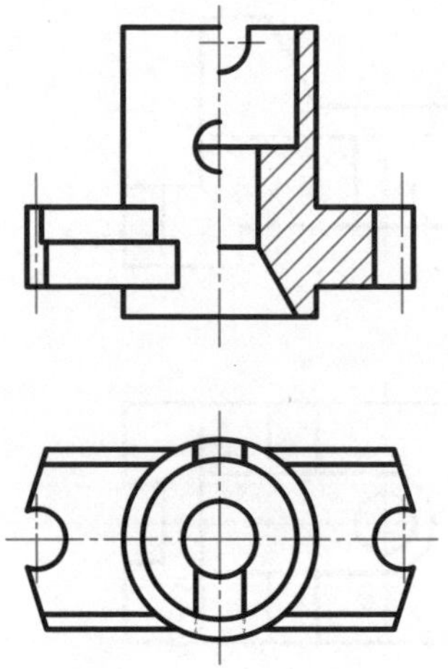

图 651

主视图为全剖视图(十)

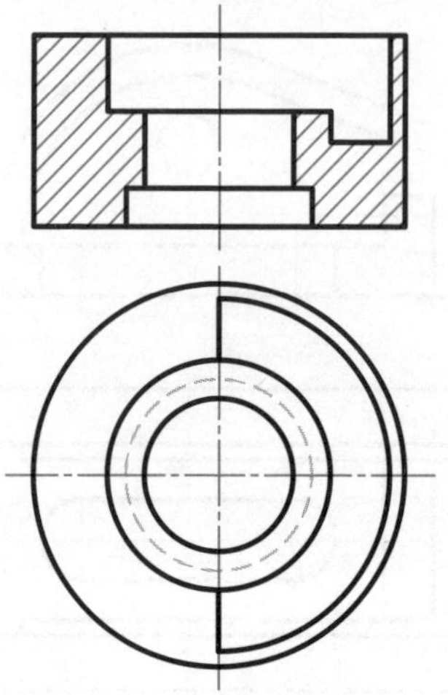

图 652

主视图和左视图都为半剖视图

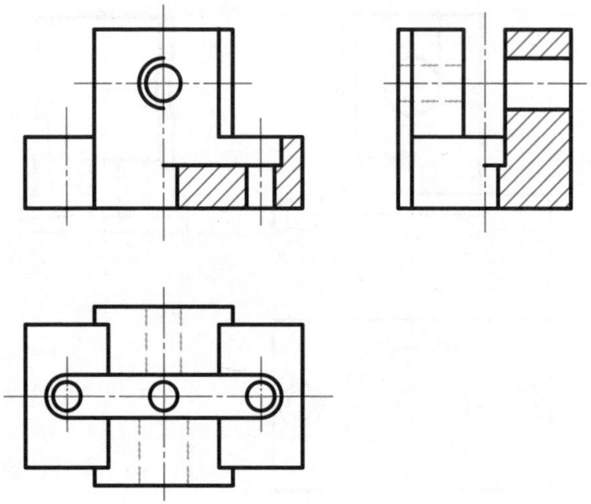

图 653

主视图为半剖视图、左视图为全剖视图(四)

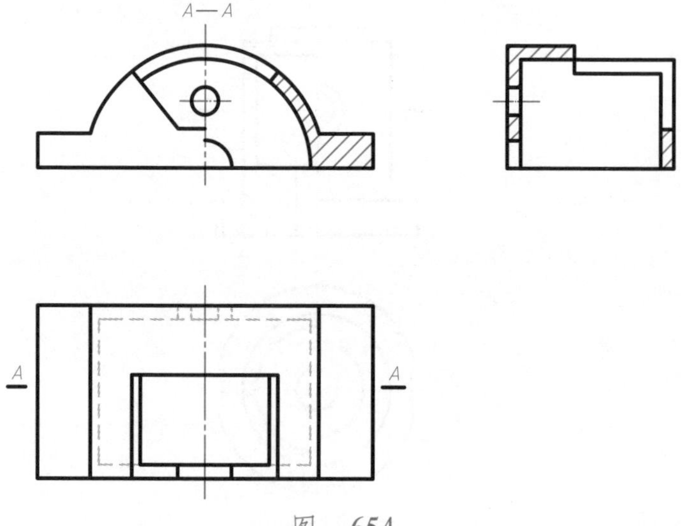

$A — A$

图 654

主视图和左视图都为全剖视图(二)

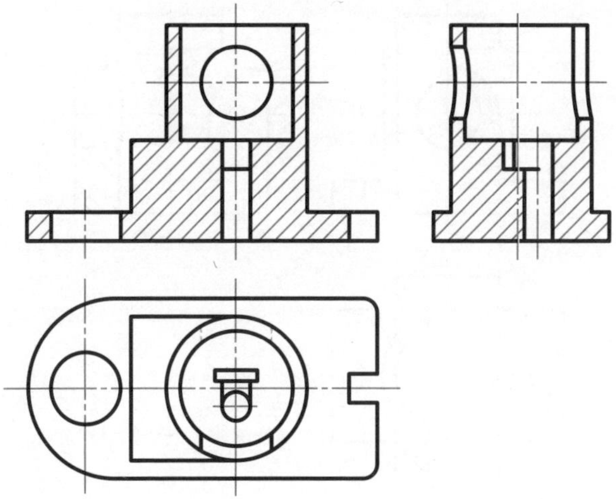

图　655

主视图为半剖视图、左视图为全剖视图(五)

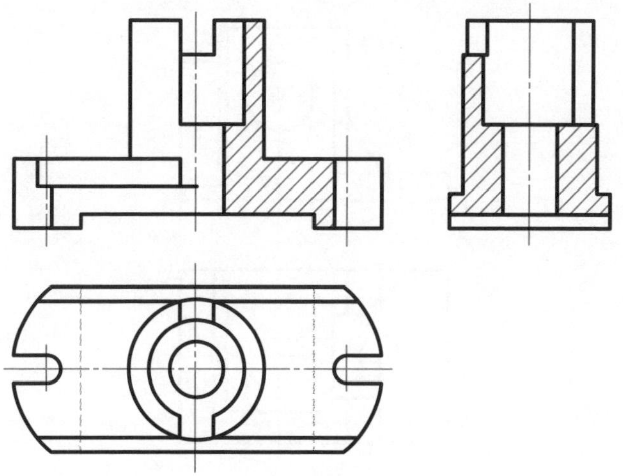

图　656

主视图为全剖视图(十一)

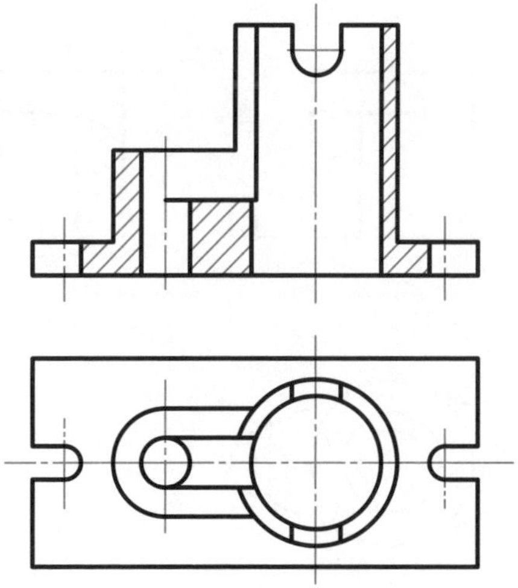

图　657

左视图为全剖视图

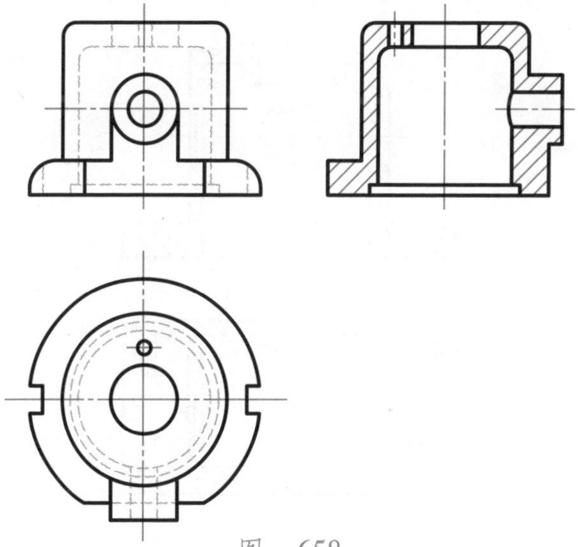

图　658

主视图为全剖视图(十二)

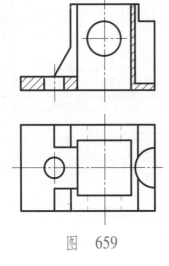

图　659

半剖视图(二)

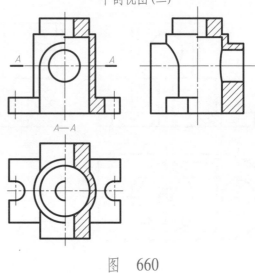

A—A

图　660

局部剖视图(二)

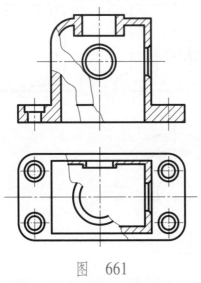

图　661

主视图为半剖视图、左视图为全剖视图(六)

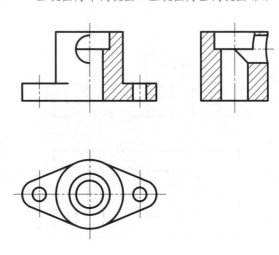

图　662

主视图为全剖视图(十三)

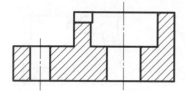
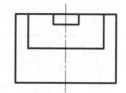

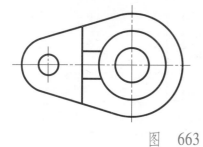

图 663

主视图、俯视图为局部剖视图

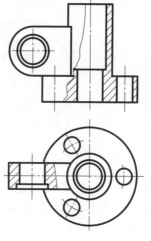

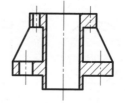

图 664

主视图为复合剖视图

A—A

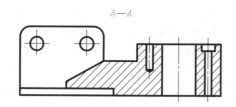

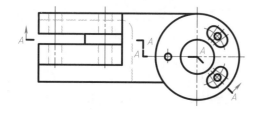

图 665

主视图为全剖视图(十四)

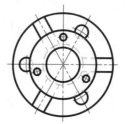

图 666

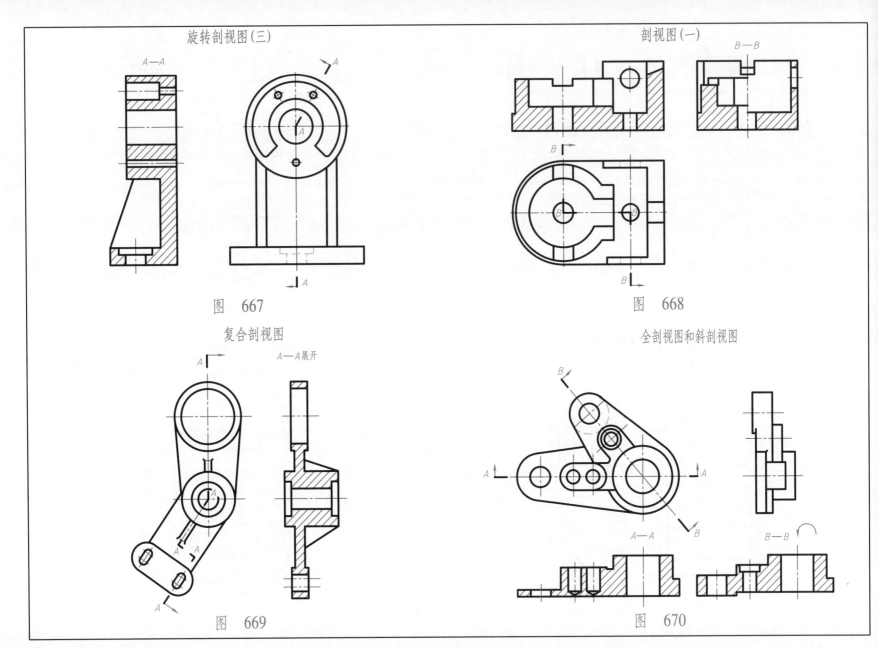

旋转剖视图(三)

A—A

图 667

剖视图(一)

B—B

图 668

复合剖视图

A—A展开

图 669

全剖视图和斜剖视图

A—A   B—B

图 670

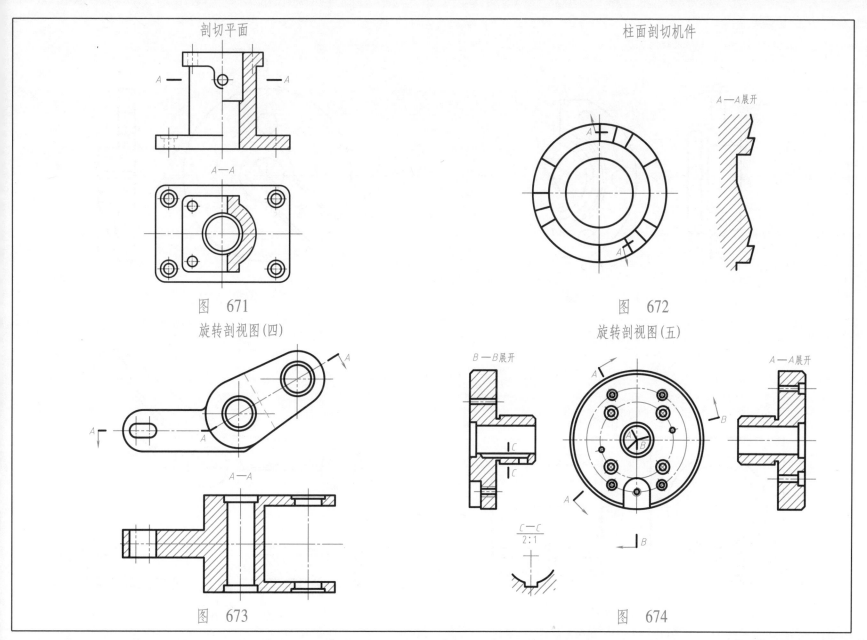

剖切平面

柱面剖切机件

A—A

图 671
旋转剖视图(四)

图 672
旋转剖视图(五)

A—A

B—B展开

A—A展开

$\dfrac{C-C}{2:1}$

图 673

图 674

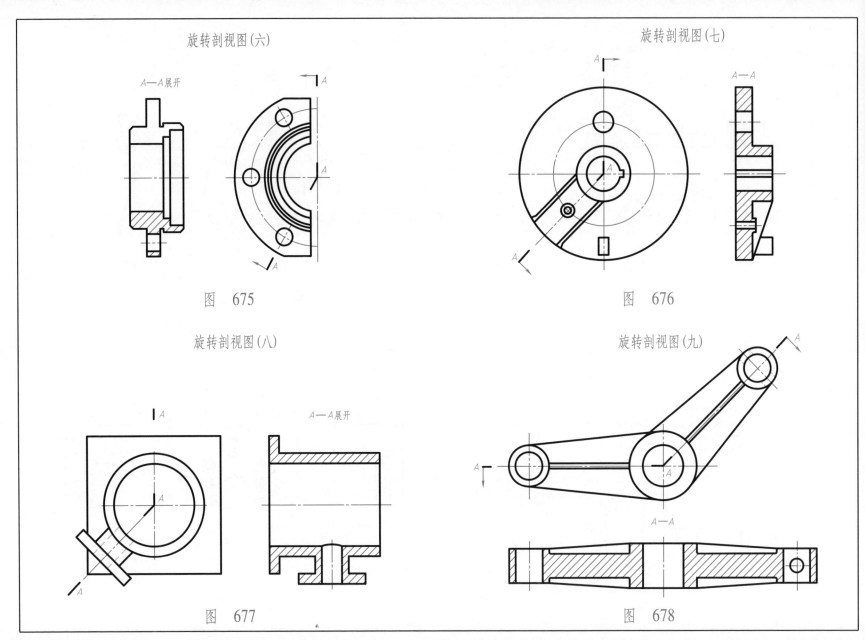

旋转剖视图(六)

A—A展开

图 675

旋转剖视图(七)

A—A

图 676

旋转剖视图(八)

A—A展开

图 677

旋转剖视图(九)

A—A

图 678

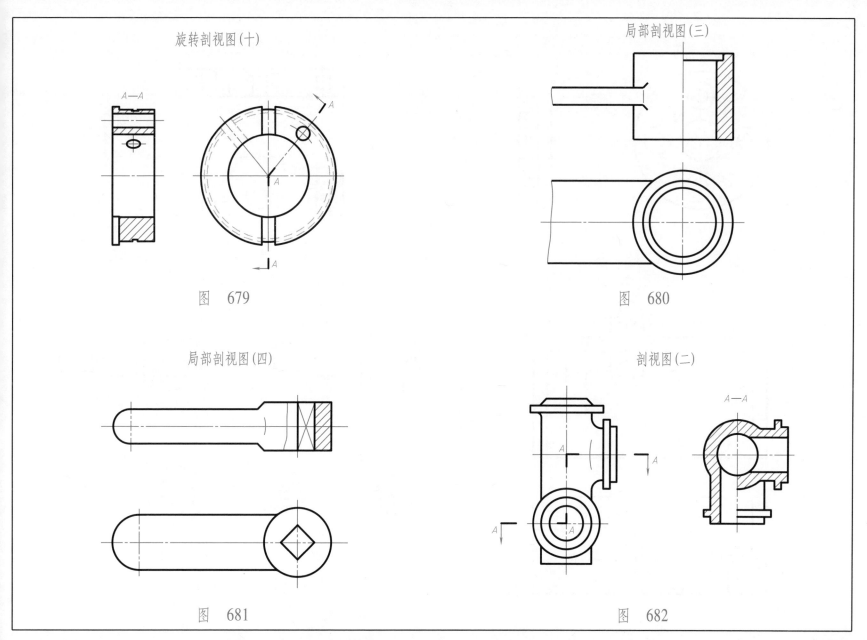

旋转剖视图(十)

A—A

图　679

局部剖视图(三)

图　680

局部剖视图(四)

图　681

剖视图(二)

A—A

图　682

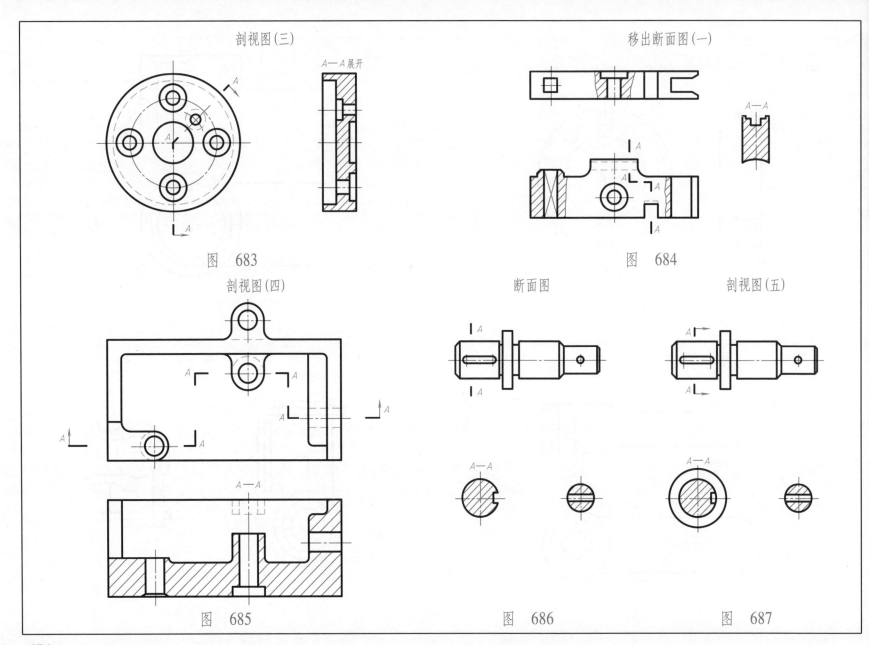

剖视图（三）

A—A展开

图　683

移出断面图（一）

A—A

图　684

剖视图（四）

A—A

图　685

断面图

A—A

图　686

剖视图（五）

A—A

图　687

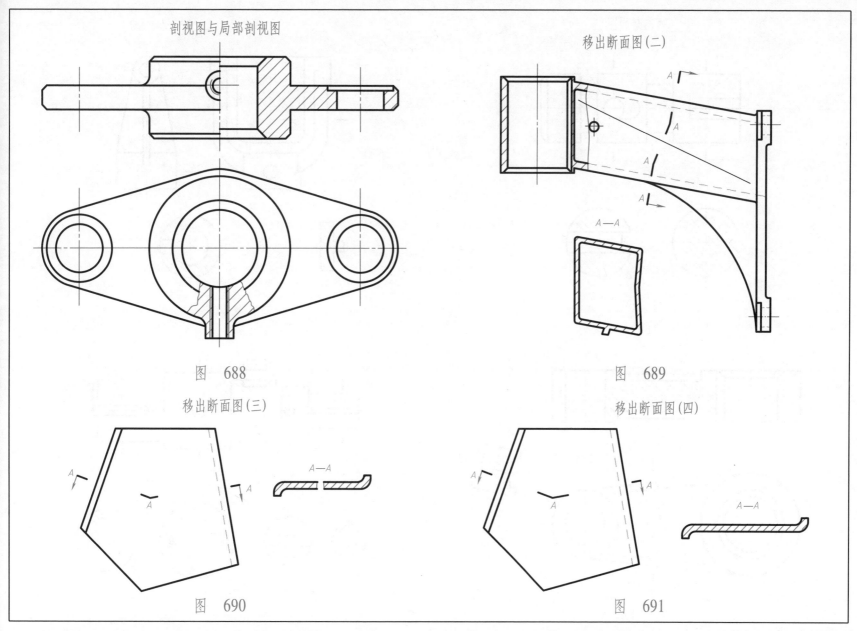

剖视图与局部剖视图

图 688

移出断面图(二)

A—A

图 689

移出断面图(三)

A—A

图 690

移出断面图(四)

A—A

图 691

177

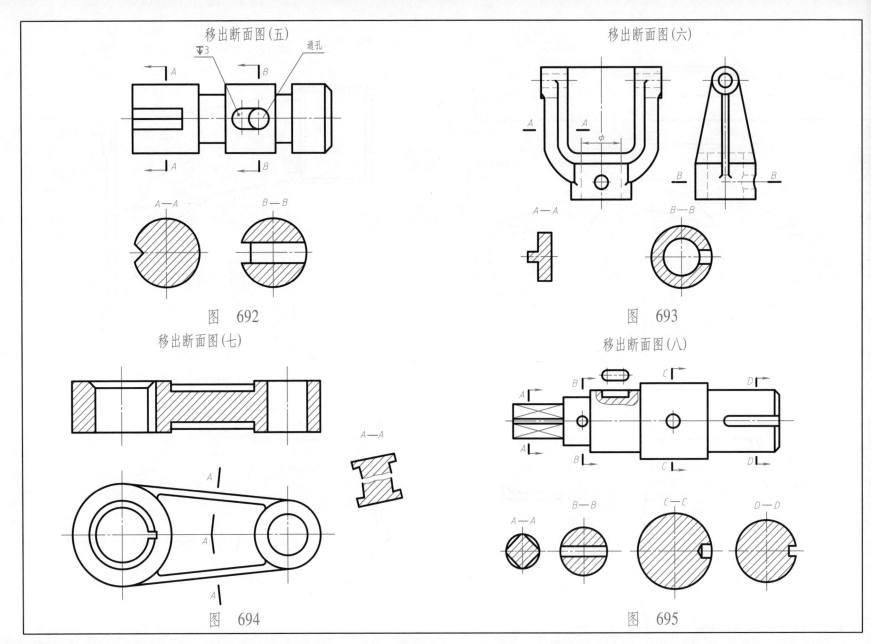

移出断面图(五)

▽3
通孔
A
B
A
B
A—A
B—B

图 692

移出断面图(六)

A
A
ϕ
B
B
A—A
B—B

图 693

移出断面图(七)

A—A
A
A
A

图 694

移出断面图(八)

A
A
B
B
C
C
D
D
A—A
B—B
C—C
D—D

图 695

剖视图(六)　　　　　　　　　　　　重合断面图(一)

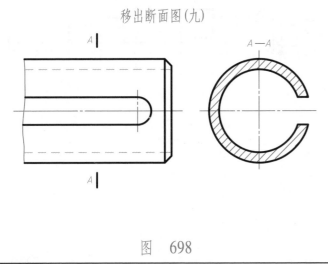

图　696

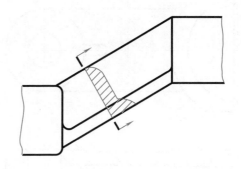

图　697

移出断面图(九)　　　　　　　　　　移出断面图(十)

A　　　　　　　　　$A—A$

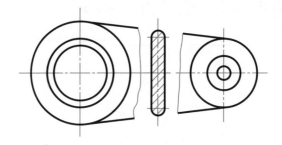

A

图　698　　　　　　　　　　　　　　图　699

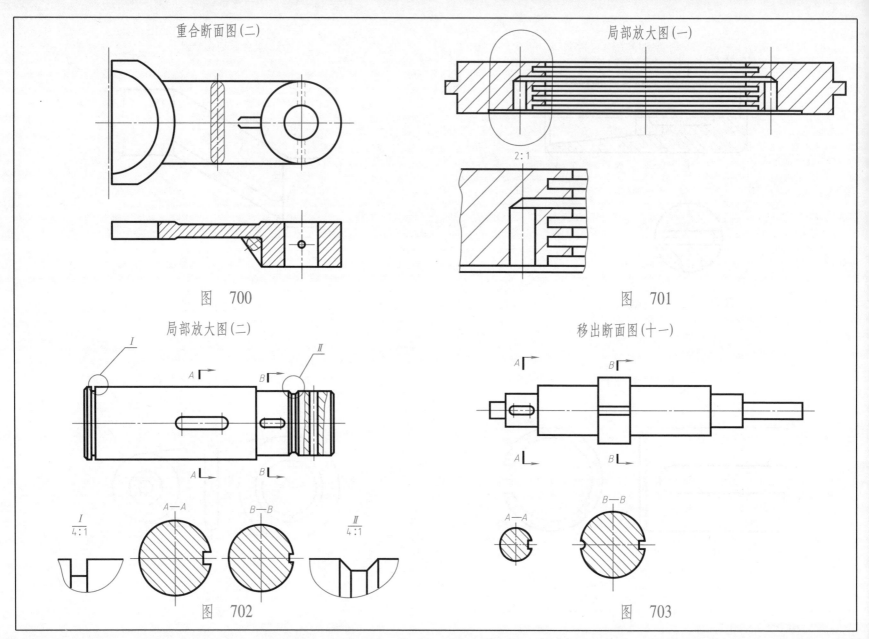

重合断面图(二)

局部放大图(一)

2:1

图　700

图　701

局部放大图(二)

移出断面图(十一)

$\dfrac{I}{4:1}$　　$A-A$　　$B-B$　　$\dfrac{II}{4:1}$

$A-A$　　$B-B$

图　702

图　703

移出断面图(十二)

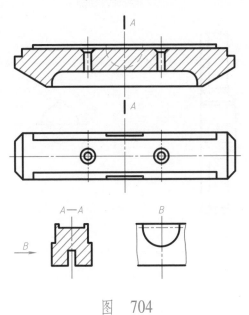

图　704

机件上的肋、轮辐、孔等不在剖切平面上

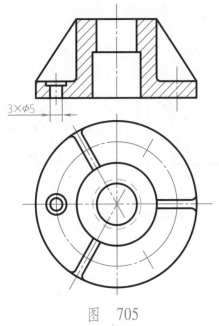

3×φ5

图　705

机件的肋、轮辐及薄壁等画法(一)

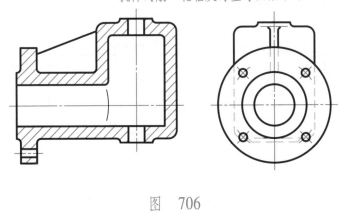

图　706

机件的肋、轮辐及薄壁等画法(二)

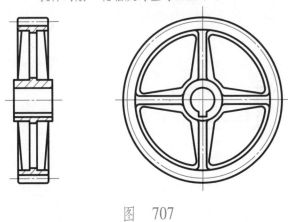

图　707

对称机件的视图

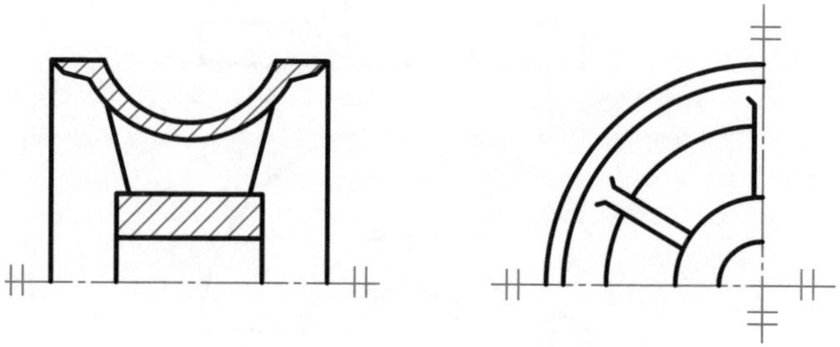

图 708

省略画法处注明(一)

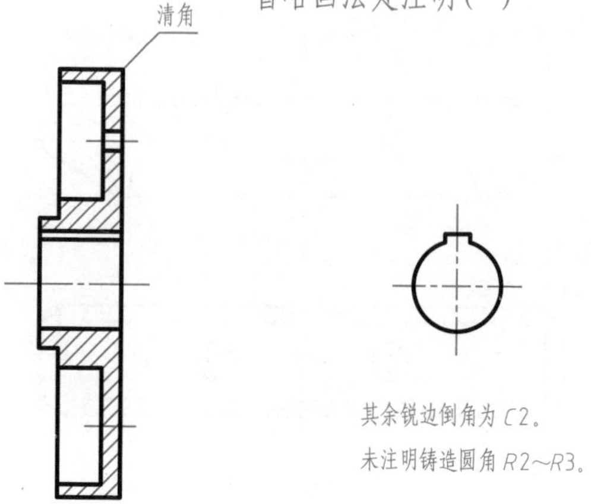

清角

其余锐边倒角为 $C2$。

未注明铸造圆角 $R2\sim R3$。

图 709

小圆角、小倒角等可省略不画,但应注明

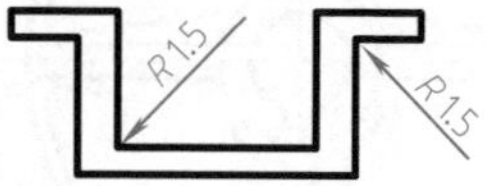

$R15$

$R15$

图 710

允许省略,但应说明

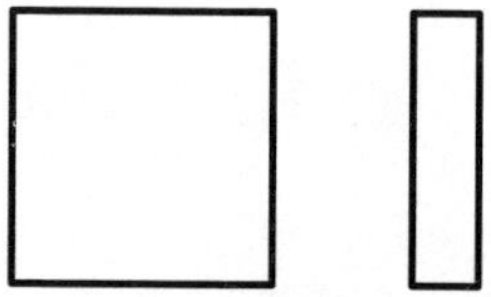

锐边倒圆 $R0.5$。

图 711

省略画法处注明(二)

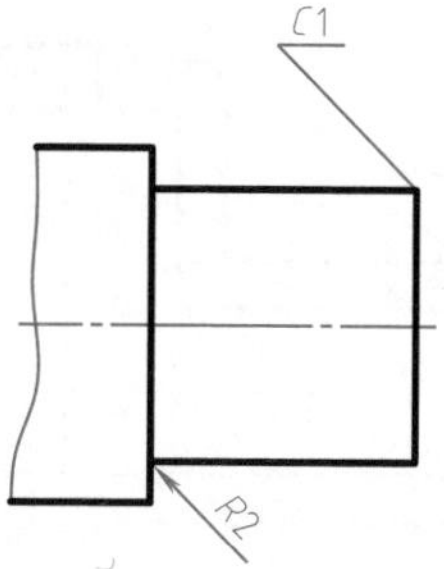

$C1$

$R2$

图 712

182

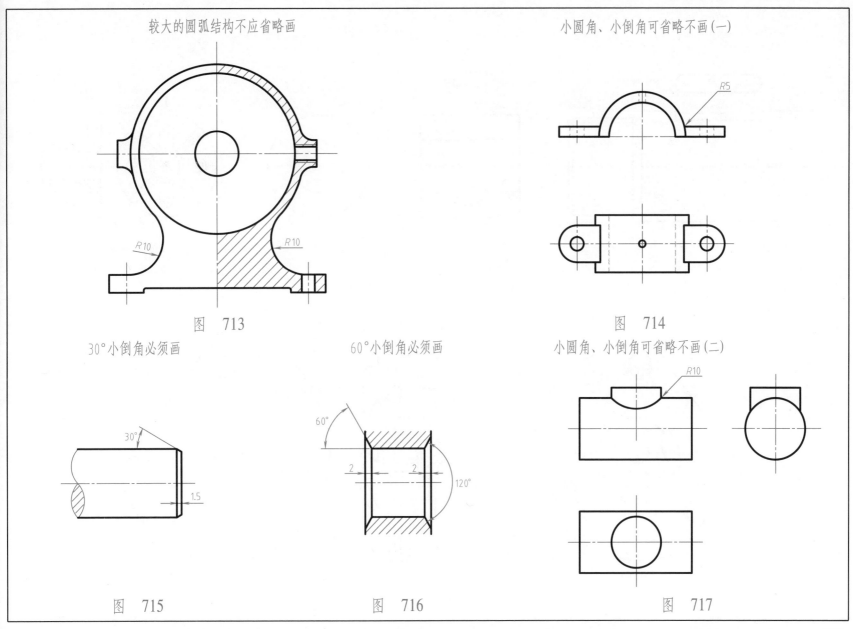

较大的圆弧结构不应省略画

图 713

小圆角、小倒角可省略不画 (一)

图 714

30°小倒角必须画

图 715

60°小倒角必须画

图 716

小圆角、小倒角可省略不画 (二)

图 717

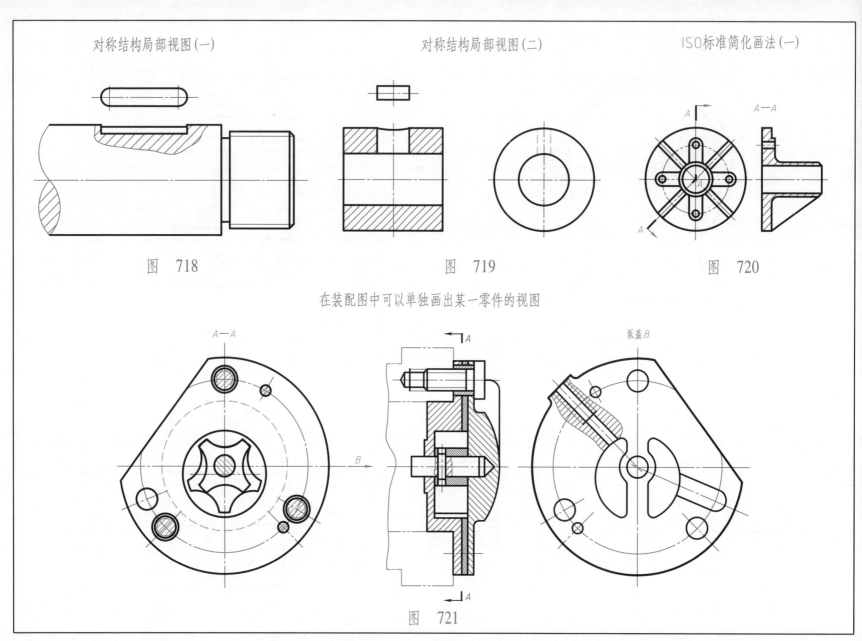

对称结构局部视图(一)　　　　　对称结构局部视图(二)　　　　　ISO标准简化画法(一)

图　718　　　　　　　　　　图　719　　　　　　　　　　图　720

在装配图中可以单独画出某一零件的视图

泵盖B

图　721

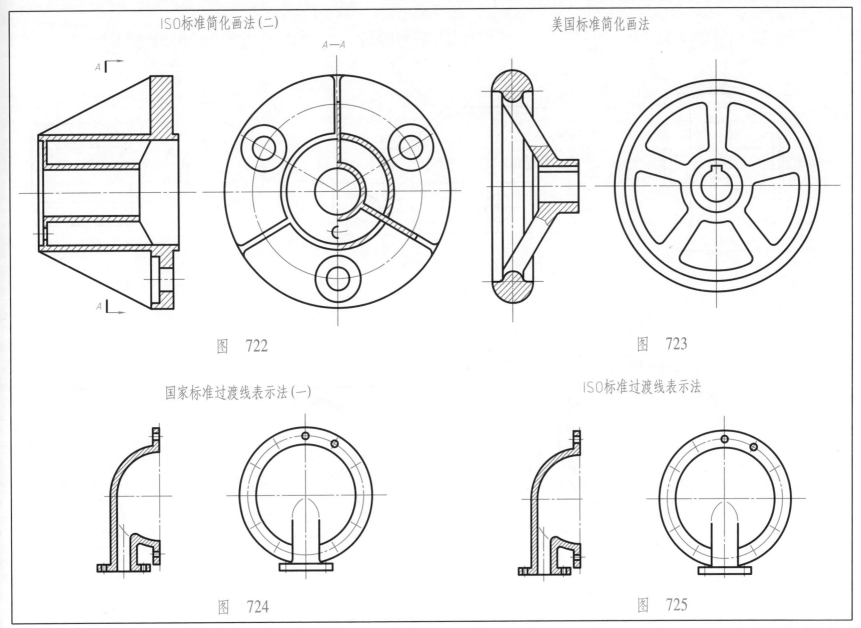

ISO标准简化画法(二)

美国标准简化画法

图 722

图 723

国家标准过渡线表示法(一)

ISO标准过渡线表示法

图 724

图 725

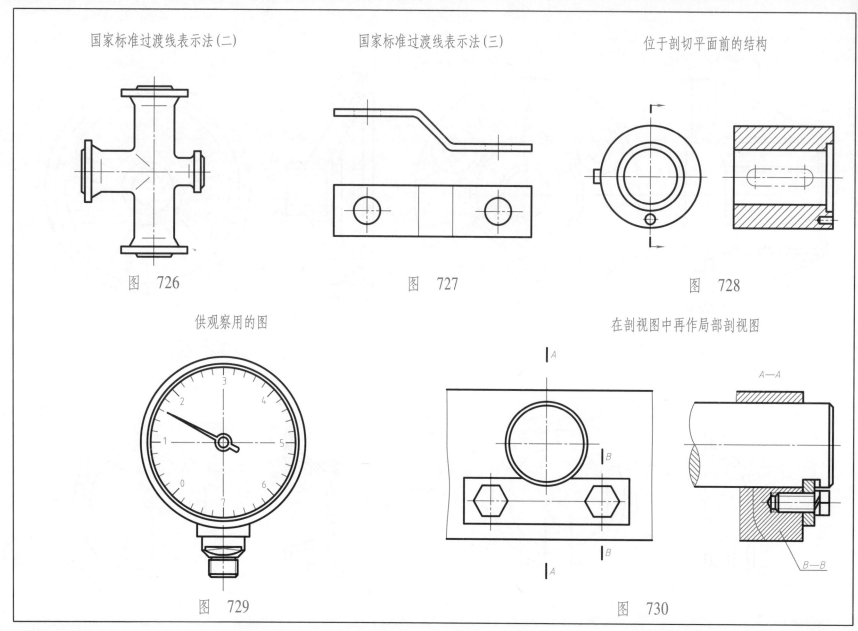

国家标准过渡线表示法(二)　　　　国家标准过渡线表示法(三)　　　　位于剖切平面前的结构

图　726　　　　　　　　　　　图　727　　　　　　　　　　　图　728

供观察用的图　　　　　　　　　　　在剖视图中再作局部剖视图

A

B

$A—A$

B

B

A

$B—B$

图　729　　　　　　　　　　　　　图　730

四、尺寸标注

本章导读：本章用 79 幅图例讲述机械图中尺寸标注的基本规定及方法。

（1）按尺寸标注的组成要素规定进行标注　组成要素包括尺寸线、尺寸界线和尺寸数字。但要注意以下 7 点：

1）尺寸线和尺寸界线均以细实线画出。

2）线性尺寸的尺寸线应平行于表示其长度（或距离）的线段。

3）图形的轮廓线、轴线、对称中心线或它们的延长线，可以用作尺寸界线，但不能用作尺寸线。

4）尺寸界线一般应与尺寸线垂直，当尺寸界线过于贴近轮廓线时，允许将其倾斜画出；在光滑过渡处，需用细实线将轮廓线延长，从其交点引出尺寸界线。

5）尺寸线的终端为箭头，线性尺寸线的终端允许采用斜线。

6）当采用斜线时，尺寸线与尺寸界线必须垂直。同一张图样上尺寸线的终端只能采用一种形式。

7）对于未完整标示的要素，可在尺寸线的一端画出箭头，但尺寸线应超过该要素的中心线或断裂处。

尺寸数字标注规定：①线性尺寸数字的方向应按要求标注，并尽量避免在所示 30°范围内标注，无法避免时可采用引出标注；②允许将非水平方向的尺寸数字水平地注写在尺寸线的中断处；③尺寸数字不可被任何图线通过，不可避免时，需把图线断开。

（2）按各类尺寸的注法规定进行标注　这些规定有直径和半径的尺寸注法、弦长和弧长的尺寸注法、球面尺寸的注法、正方形结构尺寸的注法、角度尺寸的注法、斜度和锥度的注法、厚度尺寸的注法、小部位尺寸的注法、参考尺寸的注法等。

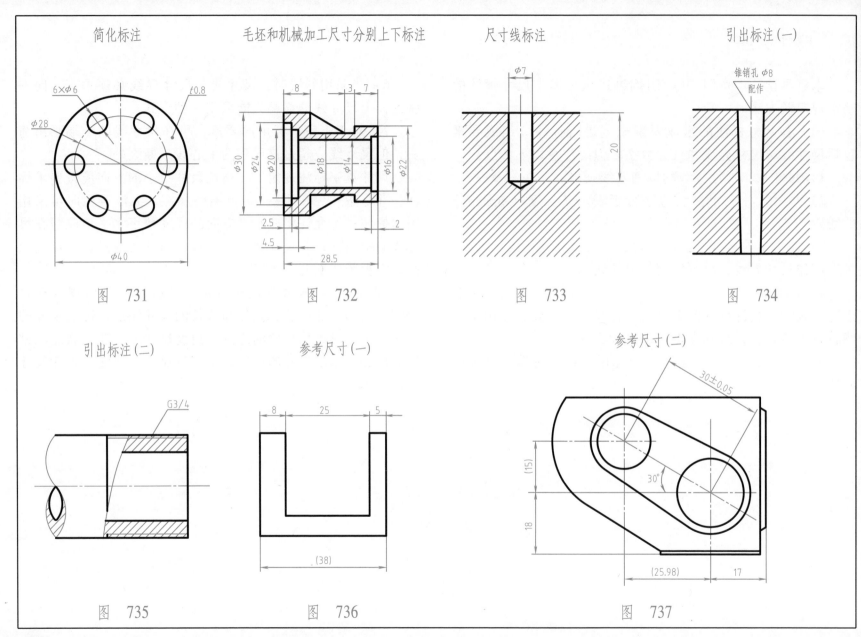

简化标注

毛坯和机械加工尺寸分别上下标注

尺寸线标注

引出标注（一）

图 731

图 732

图 733

图 734

引出标注（二）

参考尺寸（一）

参考尺寸（二）

图 735

图 736

图 737

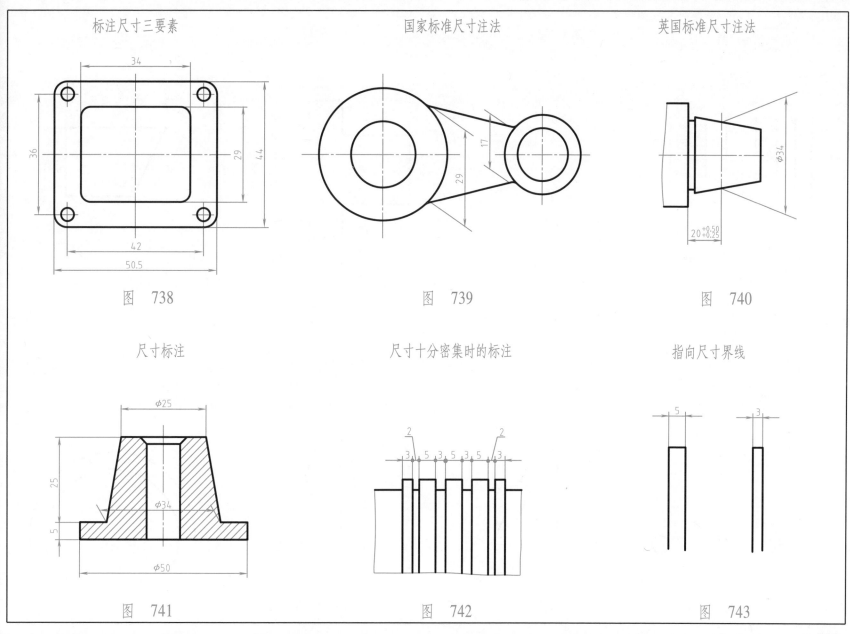

标注尺寸三要素

图 738

国家标准尺寸注法

图 739

英国标准尺寸注法

图 740

尺寸标注

图 741

尺寸十分密集时的标注

图 742

指向尺寸界线

图 743

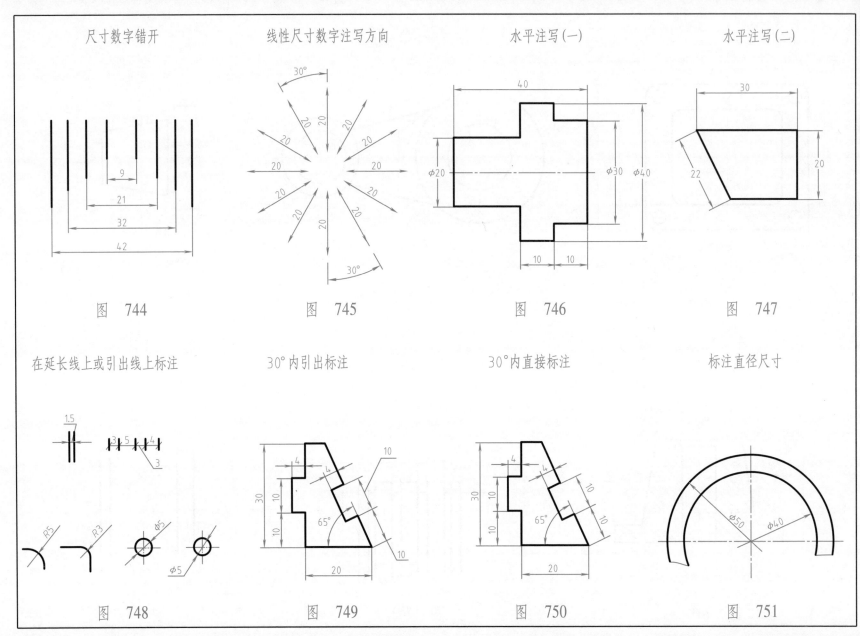

尺寸数字错开　　　　　　线性尺寸数字注写方向　　　　水平注写(一)　　　　　水平注写(二)

图　744　　　　　　图　745　　　　　　图　746　　　　　　图　747

在延长线上或引出线上标注　　　　30°内引出标注　　　　30°内直接标注　　　　标注直径尺寸

图　748　　　　　　图　749　　　　　　图　750　　　　　　图　751

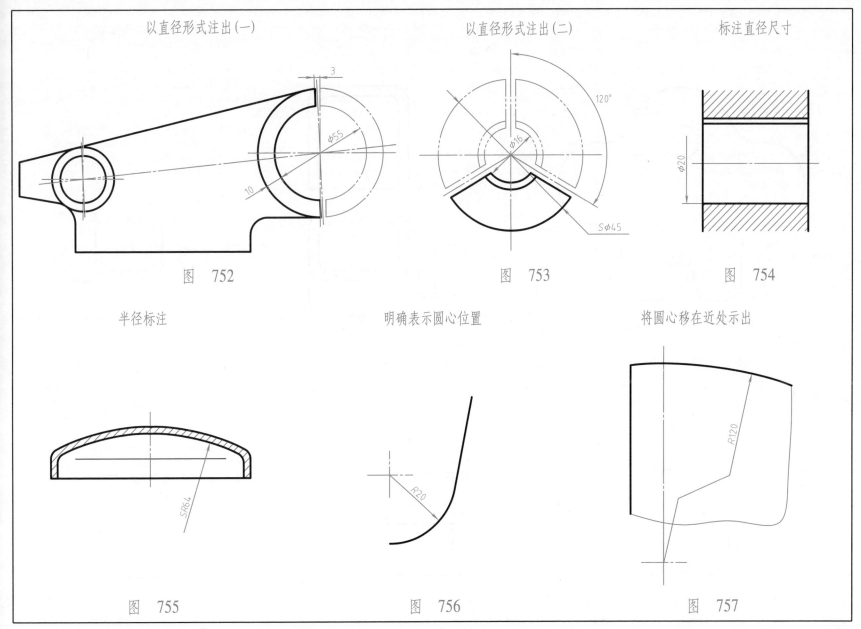

以直径形式注出(一)

图 752

$\phi55$

3

10

以直径形式注出(二)

图 753

$\phi16$

120°

$S\phi45$

标注直径尺寸

图 754

$\phi20$

半径标注

图 755

SR64

明确表示圆心位置

图 756

R20

将圆心移在近处示出

图 757

R120

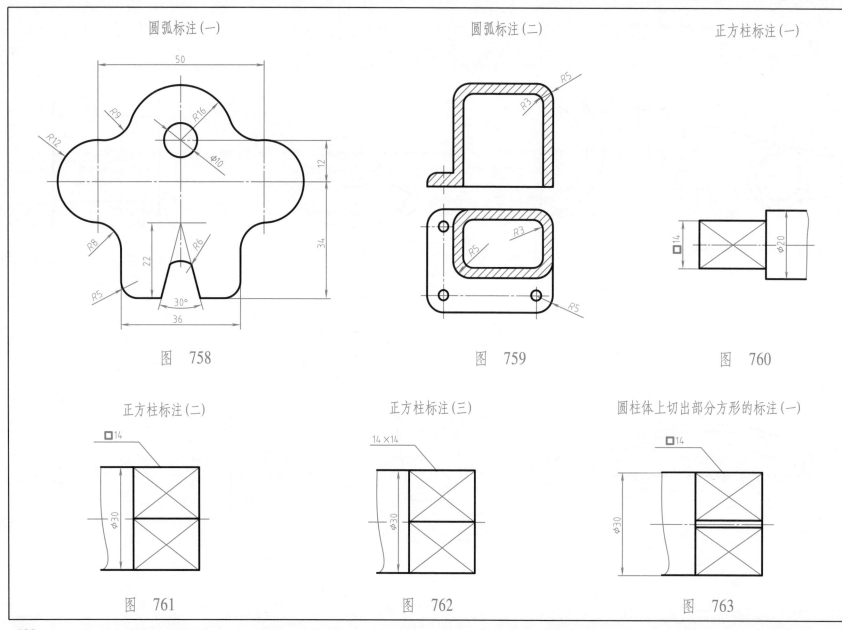

圆弧标注(一)

图　758

圆弧标注(二)

图　759

正方柱标注(一)

图　760

正方柱标注(二)

图　761

正方柱标注(三)

图　762

圆柱体上切出部分方形的标注(一)

图　763

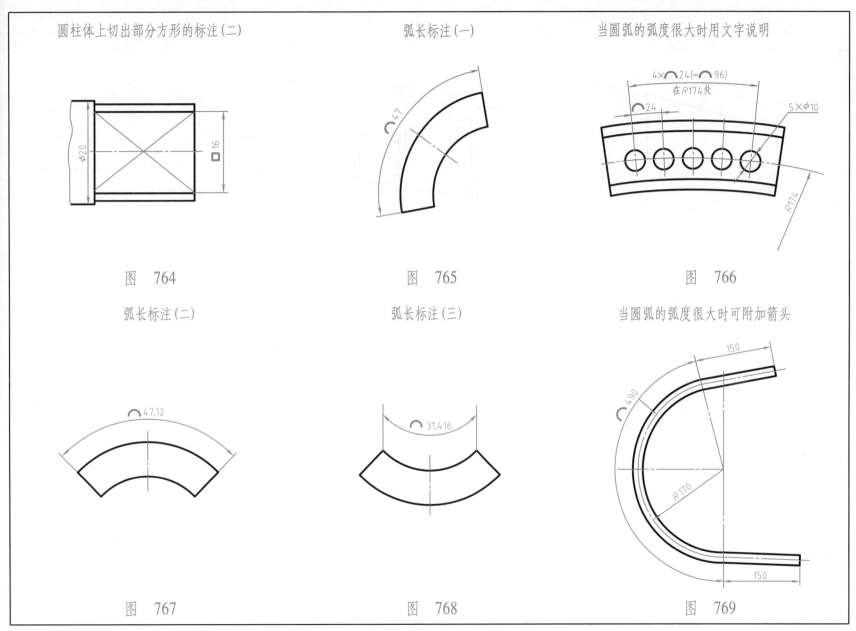

圆柱体上切出部分方形的标注(二)

图 764

弧长标注(一)

图 765

当圆弧的弧度很大时用文字说明

图 766

弧长标注(二)

图 767

弧长标注(三)

图 768

当圆弧的弧度很大时可附加箭头

图 769

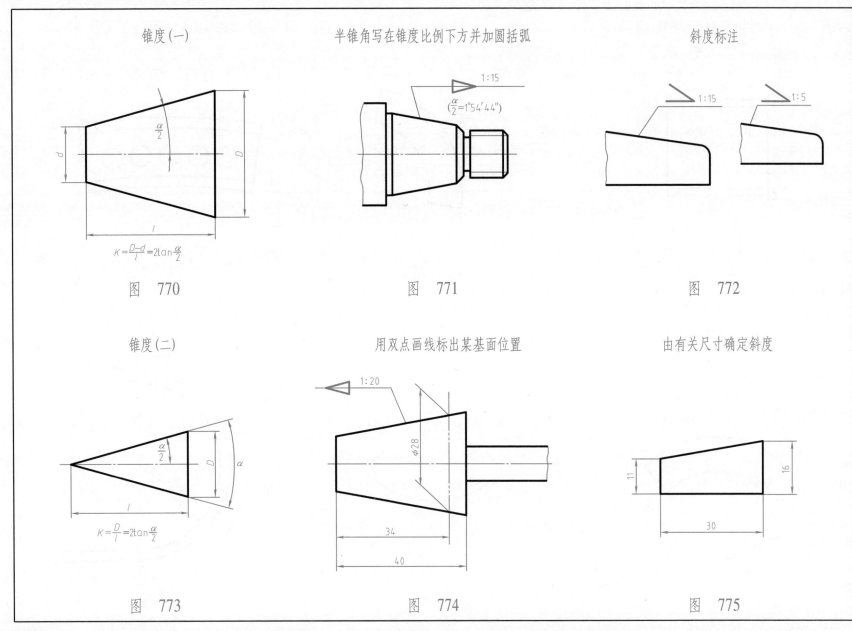

锥度(一)

$\frac{\alpha}{2}$
d
D
l
$K=\frac{D-d}{l}=2\tan\frac{\alpha}{2}$

图 770

半锥角写在锥度比例下方并加圆括弧

1:15
($\frac{\alpha}{2}$=1°54′44″)

图 771

斜度标注

1:15
1:5

图 772

锥度(二)

$\frac{\alpha}{2}$
D
α
l
$K=\frac{D}{l}=2\tan\frac{\alpha}{2}$

图 773

用双点画线标出某基面位置

1:20
φ28
34
40

图 774

由有关尺寸确定斜度

11
16
30

图 775

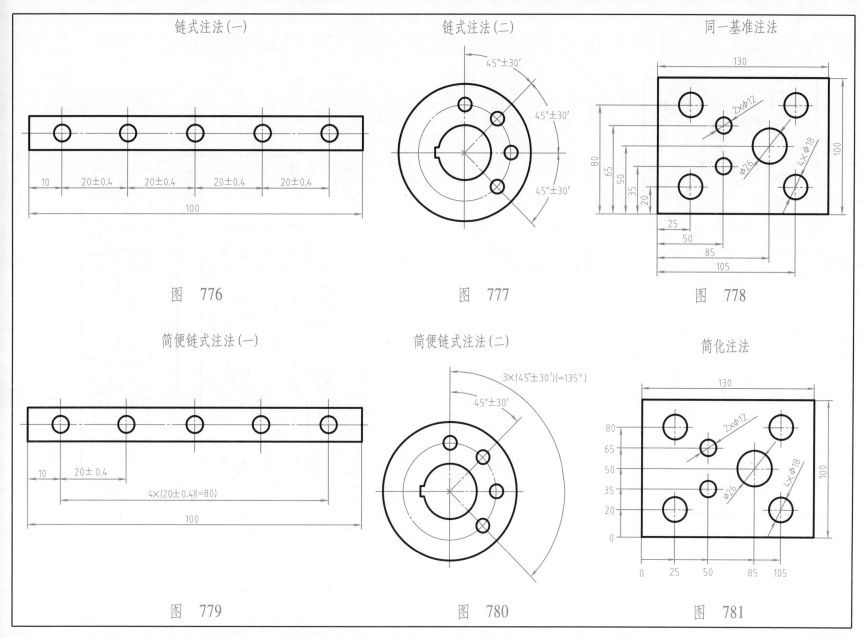

链式注法(一)

图 776

链式注法(二)

图 777

同一基准注法

图 778

简便链式注法(一)

图 779

简便链式注法(二)

图 780

简化注法

图 781

直角坐标格子法标注(一)

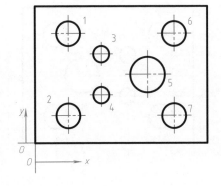

编号	x	y	ϕ
1	25	80	18
2	25	20	18
3	50	65	12
4	50	35	12
5	85	50	26
6	105	80	18
7	105	20	18

图　782

直角坐标格子确定尺寸

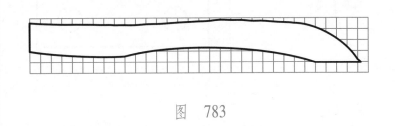

图　783

直角坐标格子法标注(二)

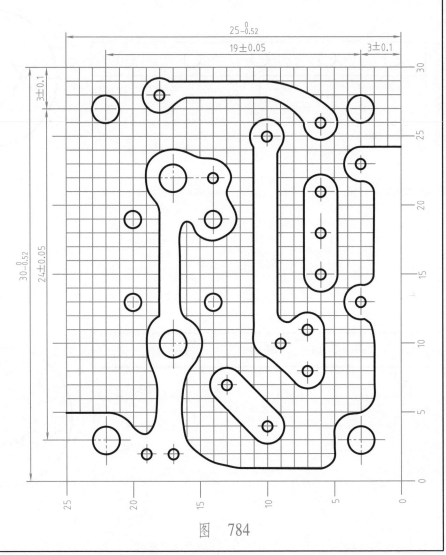

图　784

成规律分布的孔

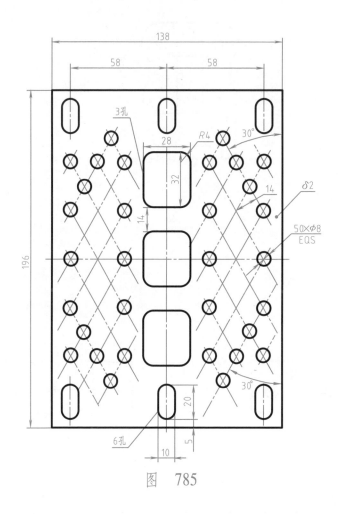

图　785

标注孔组

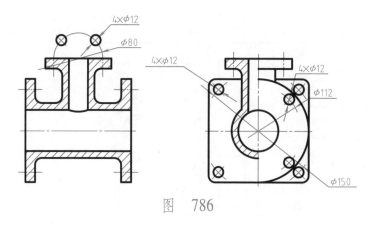

图　786

多个相同的孔组

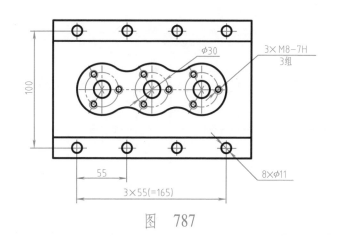

图　787

197

采用不同标记区别

同一图形中，具有几种尺寸数值相近而又重复的要素(如孔等)，可采用标记(如涂色等)或标注字母的方法来区别。

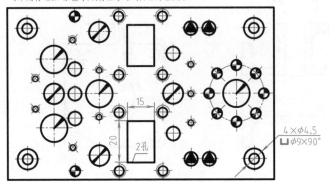

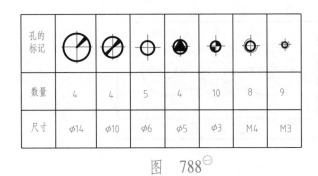

孔的标记	⊕	⊘	⊕	⊕	⊕	⊕	⊕
数量	4	4	5	4	10	8	9
尺寸	φ14	φ10	φ6	φ5	φ3	M4	M3

图 788[⊖]

图 788⊖

特种尺寸注法

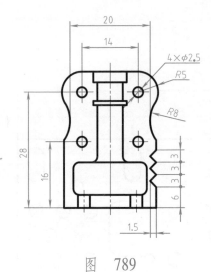

图 789

对称结构的定位尺寸

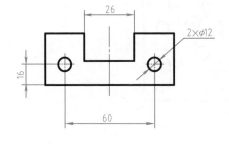

图 790

对称结构的定位尺寸(附对称度公差)

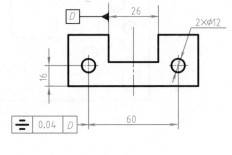

图 791

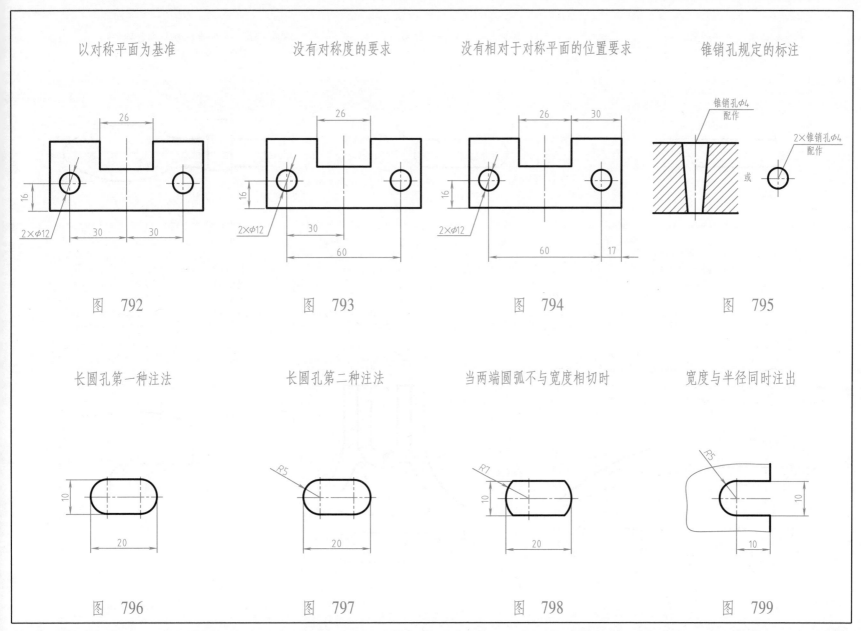

以对称平面为基准　　　没有对称度的要求　　　没有相对于对称平面的位置要求　　　锥销孔规定的标注

图 792　　　　　　图 793　　　　　　图 794　　　　　　图 795

长圆孔第一种注法　　　长圆孔第二种注法　　　当两端圆弧不与宽度相切时　　　宽度与半径同时注出

图 796　　　　　　图 797　　　　　　图 798　　　　　　图 799

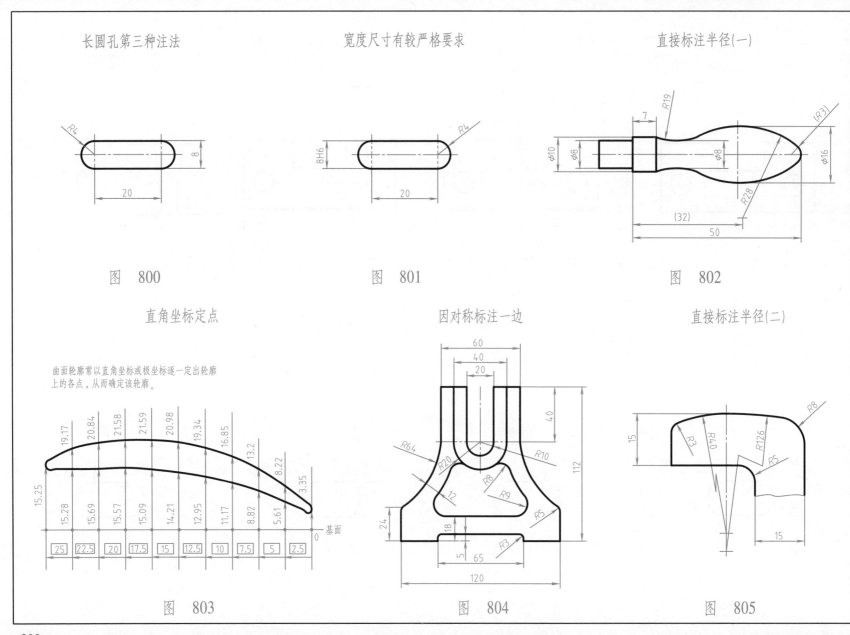

长圆孔第三种注法

图 800

宽度尺寸有较严格要求

图 801

直接标注半径(一)

图 802

直角坐标定点

曲面轮廓常以直角坐标或极坐标逐一定出轮廓
上的各点,从而确定该轮廓。

图 803

因对称标注一边

图 804

直接标注半径(二)

图 805

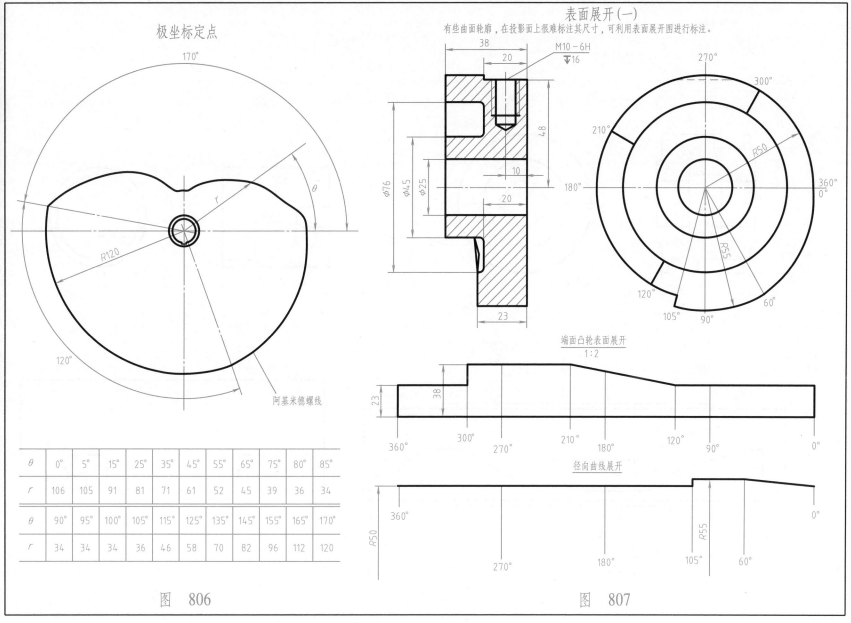

极坐标定点

170°

θ

r

R120

120°

阿基米德螺线

θ	0°	5°	15°	25°	35°	45°	55°	65°	75°	80°	85°
r	106	105	91	81	71	61	52	45	39	36	34
θ	90°	95°	100°	105°	115°	125°	135°	145°	155°	165°	170°
r	34	34	34	36	46	58	70	82	96	112	120

图 806

表面展开 (一)

有些曲面轮廓，在投影面上很难标注其尺寸，可利用表面展开图进行标注。

38

20

M10－6H
▽16

4.8

φ76
φ45
φ25

10

20

23

270°

300°

210°

R50

180°

360°
0°

R55

120°

105°
90°
60°

端面凸轮表面展开
1:2

23

38

360° 300° 270° 210° 180° 120° 90° 0°

径向曲线展开

R50

360° 270° 180° 105° 60° 0°

R55

图 807

201

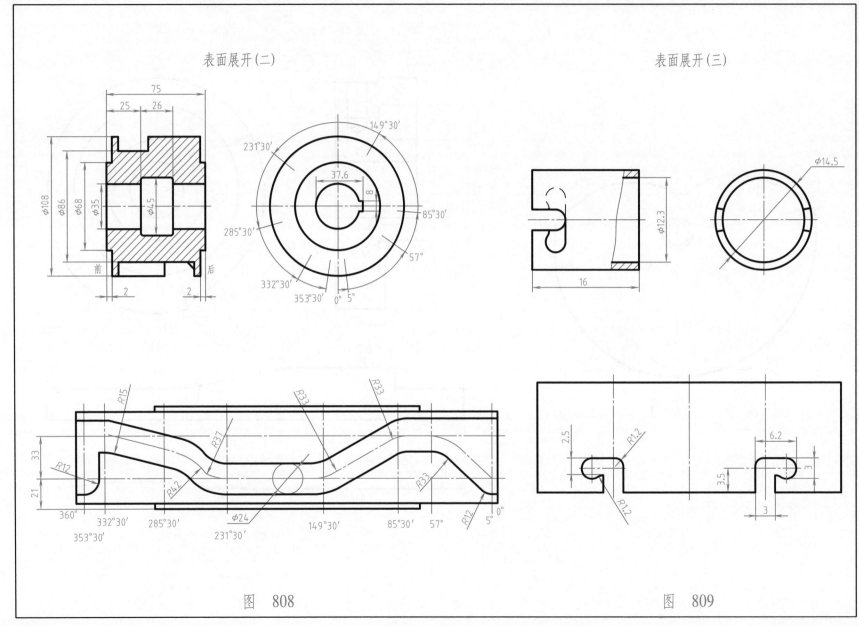

表面展开(二)

表面展开(三)

图　808

图　809

五、中心孔的标注

本章导读：中心孔的标注有三种类型：一是在加工完的零件上标注出保留中心孔；二是在加工完的零件上标注出可保留中心孔；三是在加工完的零件上标注出不允许保留中心孔。也可以用简化表示法标注，但必须要标注出保留、可保留，还是去掉中心孔。在不致引起误解时，可省略标记中的标准编号。标注中心孔要注意以下几点：

1）同一轴的两端中心孔相同，可只在某一端标出，但应注出其数量。

2）不要求保留中心孔的零件，一般采用不带护锥的中心孔；而要求保留中心孔的零件，一般采用带护锥的中心孔。

3）中心孔的尺寸主要根据轴端直径 D 的大小和毛坯总质量（如轴上装有齿轮、齿圈及其他零件等）来选择。若毛坯总质量超过手册中所提出的相应质量，则依据毛坯质量确定中心孔尺寸。

4）当加工零件的毛坯总质量超过 5000kg 时，一般都选择带护锥的中心孔。

5）中心孔的表面粗糙度值按用处自行规定。

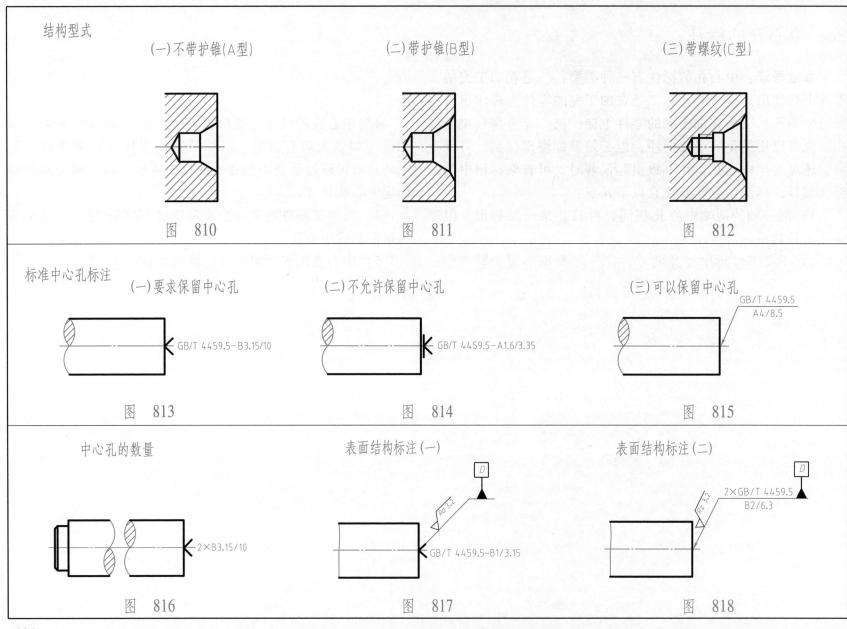

结构型式

（一）不带护锥(A型)

图 810

（二）带护锥(B型)

图 811

（三）带螺纹(C型)

图 812

标准中心孔标注

（一）要求保留中心孔

GB/T 4459.5-B3.15/10

图 813

（二）不允许保留中心孔

GB/T 4459.5-A1.6/3.35

图 814

（三）可以保留中心孔

GB/T 4459.5
A4/8.5

图 815

中心孔的数量

2×B3.15/10

图 816

表面结构标注（一）

Ra 3.2

GB/T 4459.5-B1/3.15

图 817

表面结构标注（二）

Rz 3.2

2×GB/T 4459.5
B2/6.3

图 818

六、尺寸公差和配合注法

本章导读：尺寸公差是一个没有符号的绝对值，它是尺寸允许的变动量，也就是上极限尺寸与下极限尺寸之差或上极限偏差与下极限偏差之差。这里有两个术语要说明：一是间隙，当轴的直径小于孔的直径时，孔和轴的尺寸之差，差值为正值；二是过盈，当轴的直径大于孔的直径时，相配孔和轴的尺寸之差，差值为负值。配合是类型相同且待装配的外尺寸要素（轴）和内尺寸要素（孔）之间的关系，分为间隙配合、过盈配合和过渡配合。间隙配合是孔和轴装配时总是存在间隙的配合。此时，孔的下极限尺寸大于或在极端情况下等于轴的上极限尺寸。过盈配合是孔和轴装配时总是存在过盈的配合。此时，孔的上极限尺寸小于或在极端情况下等于轴的下极限尺寸。过渡配合是孔和轴装配时可能具有间隙或过盈的配合。在过渡配合中，孔和轴的公差带或完全重叠或部分重叠，因此，是否形成间隙配合或过盈配合取决于孔和轴的实际尺寸。

配合公差是组成配合的两个尺寸要素的尺寸公差之和。它是一个没有符号的绝对值，其表示配合所允许的变动量。

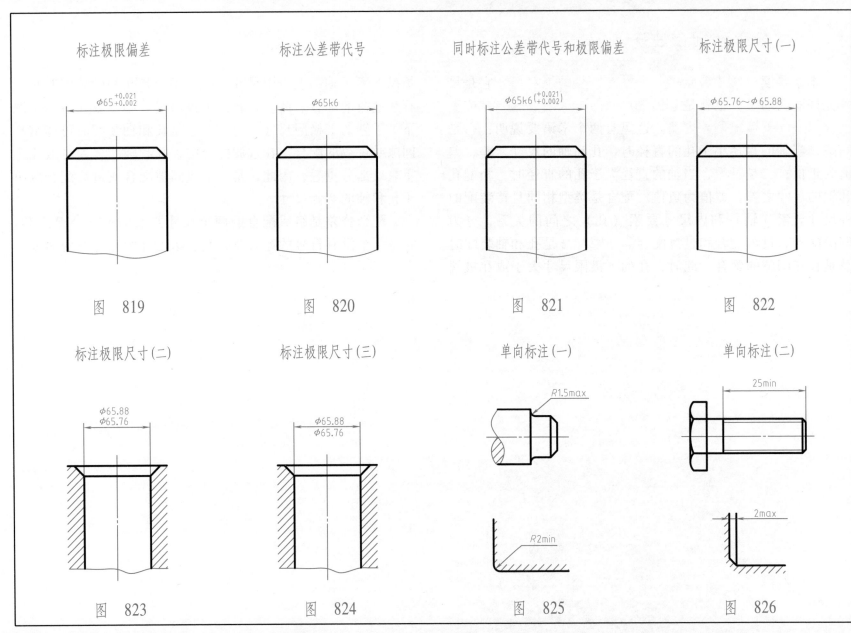

标注极限偏差

$\phi 65^{+0.021}_{+0.002}$

图 819

标注公差带代号

$\phi 65k6$

图 820

同时标注公差带代号和极限偏差

$\phi 65k6\binom{+0.021}{+0.002}$

图 821

标注极限尺寸(一)

$\phi 65.76 \sim \phi 65.88$

图 822

标注极限尺寸(二)

$\phi 65.88$
$\phi 65.76$

图 823

标注极限尺寸(三)

$\phi 65.88$
$\phi 65.76$

图 824

单向标注(一)

R1.5max

R2min

图 825

单向标注(二)

25min

2max

图 826

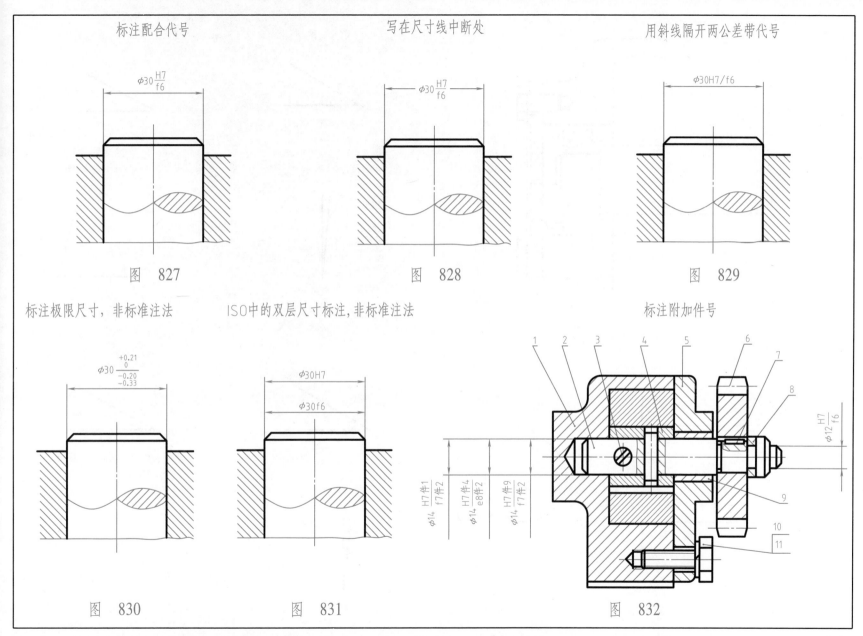

标注配合代号

$\phi30\frac{H7}{f6}$

图 827

写在尺寸线中断处

$\phi30\frac{H7}{f6}$

图 828

用斜线隔开两公差带代号

$\phi30H7/f6$

图 829

标注极限尺寸，非标准注法

$\phi30\,{}^{+0.21}_{\ \ 0}\,{}^{-0.20}_{-0.33}$

图 830

ISO中的双层尺寸标注，非标准注法

$\phi30H7$

$\phi30f6$

图 831

标注附加件号

$\phi12\frac{H7}{f6}$

$\phi14\frac{H7件1}{f7件2}$

$\phi14\frac{H7件4}{e8件2}$

$\phi14\frac{H7件9}{f7件2}$

图 832

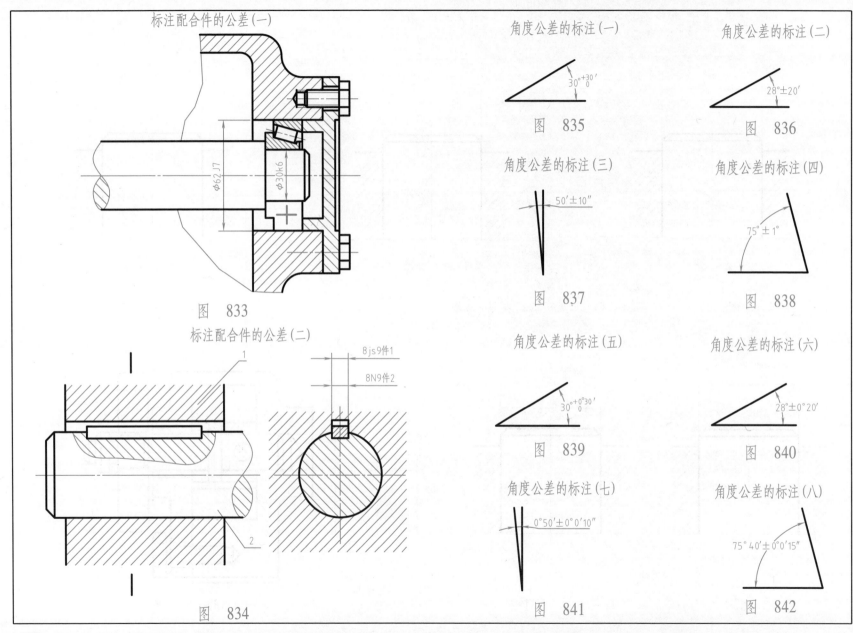

标注配合件的公差(一)

$\phi62\ J7$　$\phi30\ k6$

图　833

标注配合件的公差(二)

1

2

8 js9件1

8N9件2

图　834

角度公差的标注(一)

$30°^{+30'}_{\ 0}$

图　835

角度公差的标注(二)

$28°\pm20'$

图　836

角度公差的标注(三)

$50'\pm10''$

图　837

角度公差的标注(四)

$75°\pm1°$

图　838

角度公差的标注(五)

$30°^{+0°30'}_{\ 0}$

图　839

角度公差的标注(六)

$28°\pm0°20'$

图　840

角度公差的标注(七)

$0°50'\pm0°0'10''$

图　841

角度公差的标注(八)

$75°40'\pm0°0'15''$

图　842

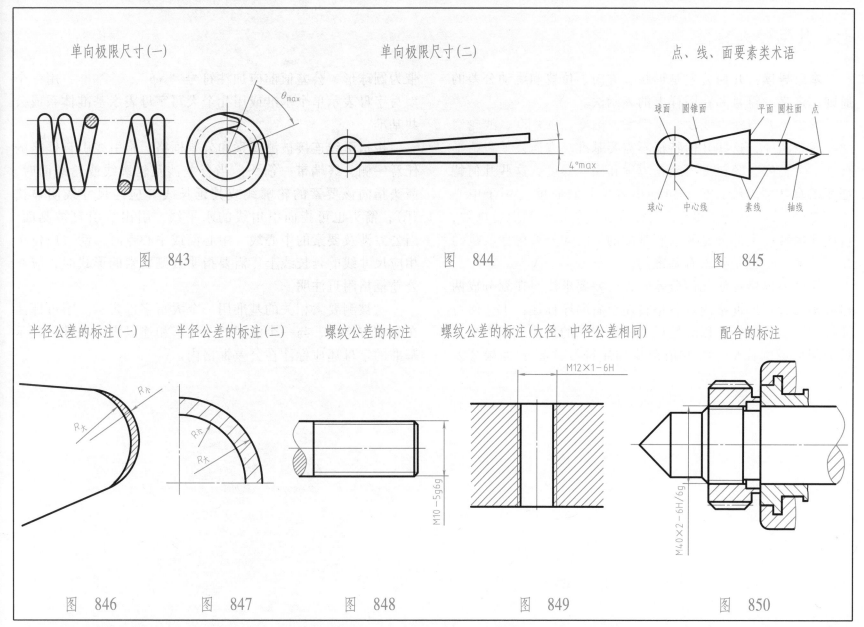

单向极限尺寸(一)　　　　　　　单向极限尺寸(二)　　　　　　点、线、面要素类术语

图　843　　　　　　　　　　图　844　　　　　　　　　　图　845

半径公差的标注(一)　半径公差的标注(二)　螺纹公差的标注　螺纹公差的标注(大径、中径公差相同)　　配合的标注

图　846　　　　　图　847　　　　　图　848　　　　　图　849　　　　　图　850

七、几何公差标注

本章导读：几何公差是形状、方向、位置和跳动公差的通则、定义、符号和在图样上的表示法。

形状公差包括直线度、平面度、圆度、圆柱度、线轮廓度和面轮廓度，这些几何特征不需要基准。方向公差包括平行度、垂直度、倾斜度、线轮廓度和面轮廓度，这些几何特征要求有基准。位置公差包括位置度、同心度（用于中心点）、同轴度（用于轴线）、对称度、线轮廓度和面轮廓度，这些几何特征大部分是要求有基准的。跳动公差包括圆跳动和全跳动，这也是要求有基准的。

用公差框格标注几何公差时，公差要求注写在划分成两格或多格的矩形框格内。各格自左至右顺序标注：①几何特征符号。②公差值，以线性尺寸单位表示的量值。如果公差带为圆形或圆柱形，公差值前应加注符号"ϕ"；如果公差带为圆球形，公差值前应加注符号"$S\phi$"。③基准，用一个大写字母表示单个基准或用几个大写字母表示基准体系或公共基准。

用指引线连接被测要素和公差框格，指引线引自框格的任意一侧，终端带一箭头。当公差涉及轮廓线或轮廓面时，箭头指向该要素的轮廓线或其延长线（应与尺寸线明显错开）；箭头也可指向引出线的水平线，引出线引自被测面。当公差涉及要素的中心线、中心面或中心点时，箭头应位于相应尺寸线的延长线上。需要指明被测要素的形式时，应在公差框格附近注明。

与被测要素相关的基准用一个大写字母表示。字母标注在基准方格内，与一个涂黑的三角形相连以表示基准；表示基准的字母还应标注在公差框格内。

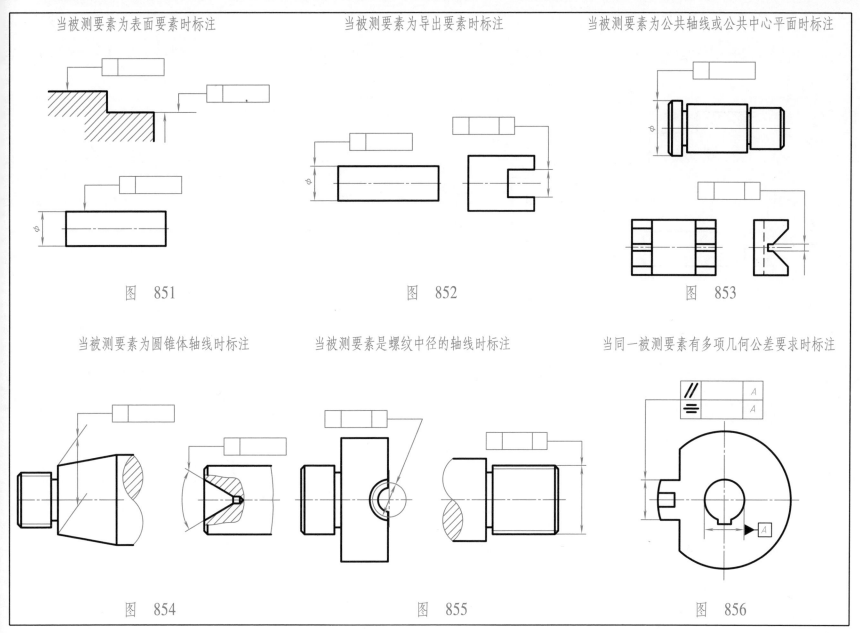

当被测要素为表面要素时标注

图 851

当被测要素为导出要素时标注

图 852

当被测要素为公共轴线或公共中心平面时标注

图 853

当被测要素为圆锥体轴线时标注

图 854

当被测要素是螺纹中径的轴线时标注

图 855

当同一被测要素有多项几何公差要求时标注

图 856

当基准要素为线或表面时标注

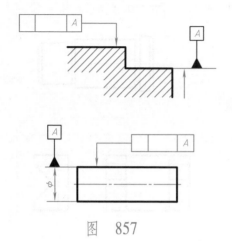

图 857

当基准要素为轴线、球心或中心平面时标注

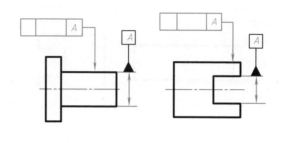

图 858

当基准要素为单一要素的轴线或各要素的
公共轴线、公共中心平面时标注

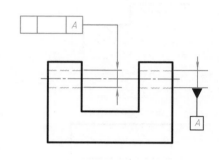

图 859

当几何公差仅适用于要素的某一指定局部时标注

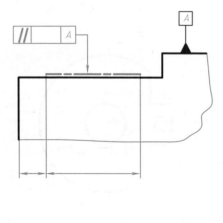

图 860

采用基准符号标注

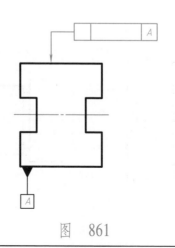

图 861

两个要素构成组合基准时采用基准符号标注

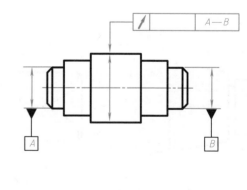

图 862

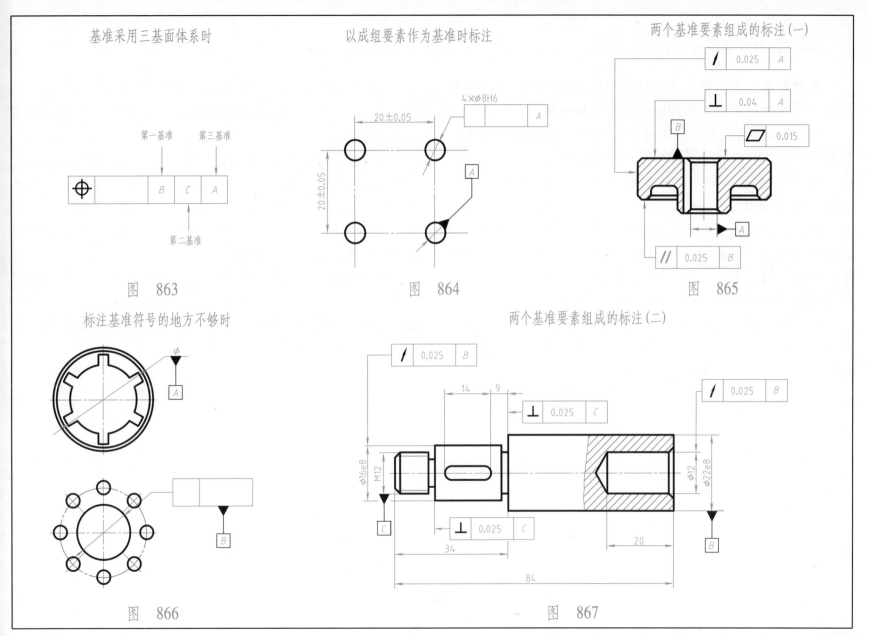

基准采用三基面体系时

图 863

以成组要素作为基准时标注

4×φ8H6

20±0.05

20±0.05

A

图 864

两个基准要素组成的标注（一）

/ 0.025 A

⊥ 0.04 A

B

0.015

// 0.025 B

A

图 865

标注基准符号的地方不够时

φ

A

B

图 866

两个基准要素组成的标注（二）

/ 0.025 B

⊥ 0.025 C

14 9

φ16e8

M12

C

⊥ 0.025 C

34

/ 0.025 B

φ12

φ22e8

20

84

B

图 867

八、图样中表面结构的表示法

本章导读：本章重点讲述技术产品文件中表面结构的表示法，同时给出了表面结构标注常用符号和标注方法。

1）基本图形符号√。未指定工艺方法的表面，仅用于简化代号标注，没有补充说明时不能单独使用。

2）扩展图形符号。在基本图形符号上加一短横√，表示指定表面是用去除材料的方法获得的，如车、铣、钻、磨、剪、切、腐蚀、电火花加工和气割等；在基本图形符号上加一个圆圈√，表示指定表面是用不去除材料的方法获得的，如铸、锻、冲压变形、热轧、冷拉和粉末冶金等，或者是用于保持原材料的表面（包括保持上道工序的状况）。

3）完整图形符号。如果在上面三个图形符号的长边上均加一横线√ √ √，用于标注表面结构特征的补充信息。

4）如果在三个完整图形符号上均加一圆圈√ √ √，表示对图形中封闭轮廓的各表面有相同的表面结构要求。

5）表面结构完整图形符号的组成。为了明确表面结构要求，除了标注表面结构参数和数值外，必要时应标注补充要求。补充要求包括传输带、取样长度、加工工艺、表面纹理及方向、加工余量等。为了保证表面的功能特征，应对表面结构参数规定不同的要求。

6）图样中的表面结构要求注法及简化注法。表面结构要求的注写和识读方向与尺寸的注写和识读方向一致。简化注法包括相同表面结构要求的简化注法、多个表面有共同要求的注法、只用表面结构符号的简化注法。

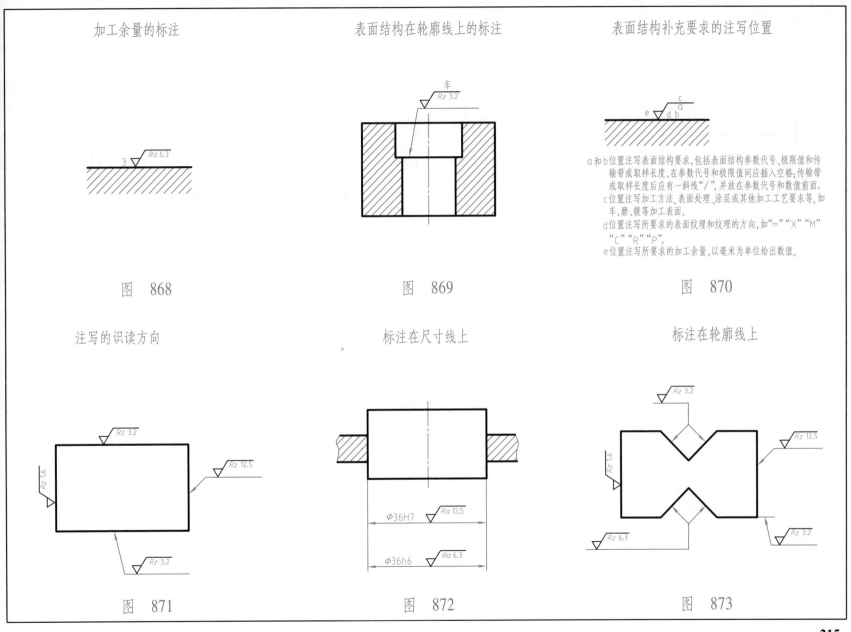

加工余量的标注

图 868

表面结构在轮廓线上的标注

图 869

表面结构补充要求的注写位置

a和b位置注写表面结构要求,包括表面结构参数代号、极限值和传输带或取样长度。在参数代号和极限值间应插入空格;传输带或取样长度后应有一斜线"/",并放在参数代号和数值前面。
c位置注写加工方法、表面处理、涂层或其他加工工艺要求等,如车、磨、镀等加工表面。
d位置注写所要求的表面纹理和纹理的方向,如"="、"X"、"M"、"C"、"R"、"P"。
e位置注写所要求的加工余量,以毫米为单位给出数值。

图 870

注写的识读方向

图 871

标注在尺寸线上

图 872

标注在轮廓线上

图 873

215

零件所有表面具有相同的表面结构要求　　　　　　连续表面标注　　　　　　　　简化标注(一)

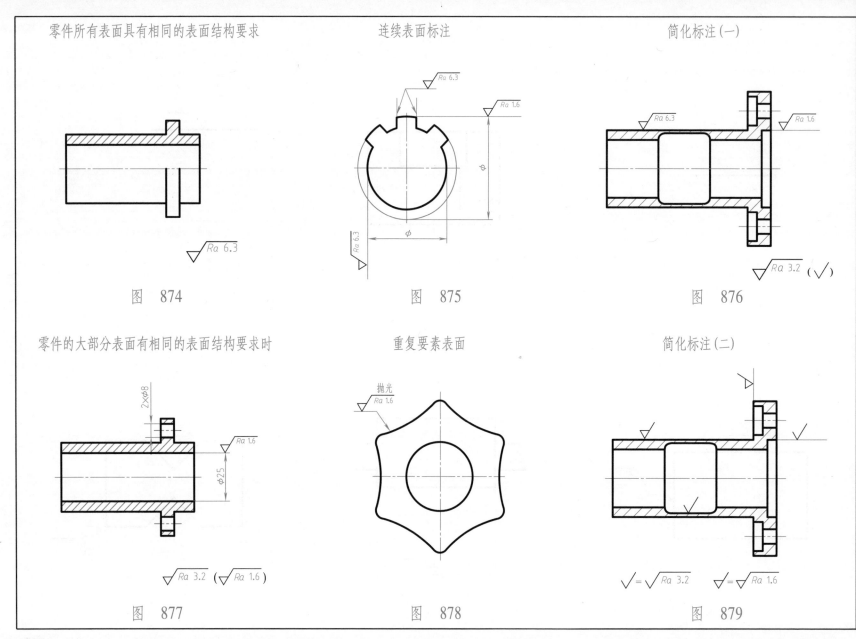

图 874　　　　　　　　　　　图 875　　　　　　　　　　图 876

零件的大部分表面有相同的表面结构要求时　　　　重复要素表面　　　　　　　简化标注(二)

图 877　　　　　　　　　　　图 878　　　　　　　　　　图 879

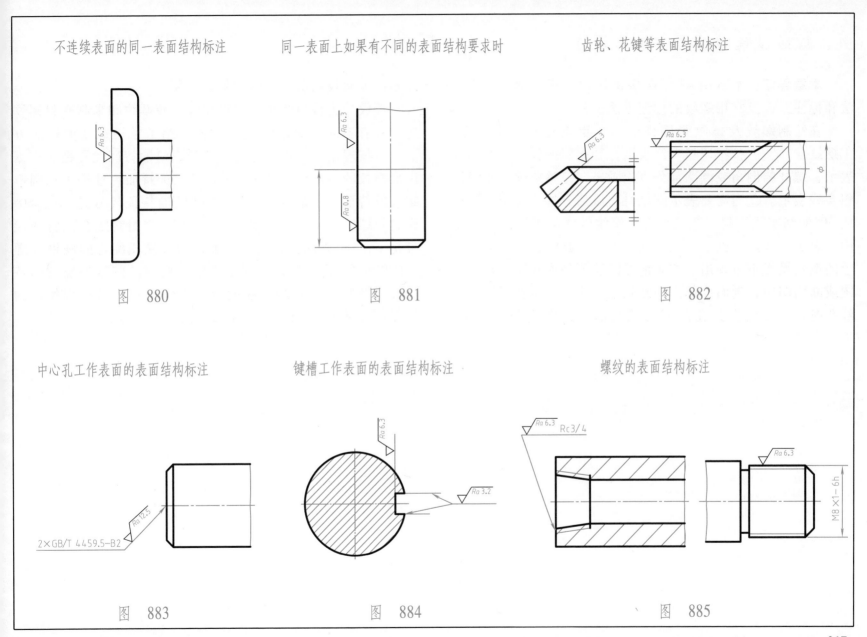

不连续表面的同一表面结构标注　　　同一表面上如果有不同的表面结构要求时　　　齿轮、花键等表面结构标注

图　880　　　　　　　　　　　　图　881　　　　　　　　　　　　图　882

中心孔工作表面的表面结构标注　　　键槽工作表面的表面结构标注　　　螺纹的表面结构标注

图　883　　　　　　　　　　　　图　884　　　　　　　　　　　　图　885

九、螺纹及螺纹紧固件的表示法

本章导读：本章用 44 幅图例讲解螺纹规定画法、表示法和标注，以及常用螺纹的标记方法。

在绘制螺纹及螺纹紧固件时，应重点注意以下几点：①螺纹牙顶圆的投影用粗实线表示，牙底圆的投影用细实线表示，螺杆的倒角或倒圆部分也应画出，完整螺纹终止线用粗实线表示。②当需要表示螺尾时，该部分的牙底用与轴线成 30°的细实线绘制。③在垂直于螺纹轴线的投影面的视图中，表示牙底圆的细实线只画约 3/4 圈，此时，螺杆或螺孔上的倒角投影不应画出。④无论外螺纹还是内螺纹，在剖视图或断面图中，剖面线都必须画到粗实线。⑤绘制不通的螺纹孔时，一般应将钻孔深度与螺纹部分的深度分别画出。

⑥不可见螺纹的所有图线按虚线绘制。

螺纹分为普通螺纹、梯形螺纹、管螺纹和米制密封螺纹等，各有不同的表示法。本章还介绍了常用螺纹的标注方法：应按规定注出螺纹标记。普通螺纹的特征代号是 M；锯齿形螺纹的特征代号是 B；梯形螺纹的特征代号是 Tr；圆锥螺纹的特征代号是 Mc；圆柱内螺纹的特征代号是 Mp；60°密封管螺纹的特征代号是 NPT；55°非密封管螺纹的特征代号是 G；55°密封管螺纹，与圆柱内螺纹相配合的圆锥外螺纹的特征代号是 R_1，与圆锥内螺纹配合的圆锥外螺纹的特征代号是 R_2，圆锥内螺纹的特征代号是 Rc，圆柱内螺纹的特征代号是 Rp；自攻螺钉用螺纹的特征代号是 ST。

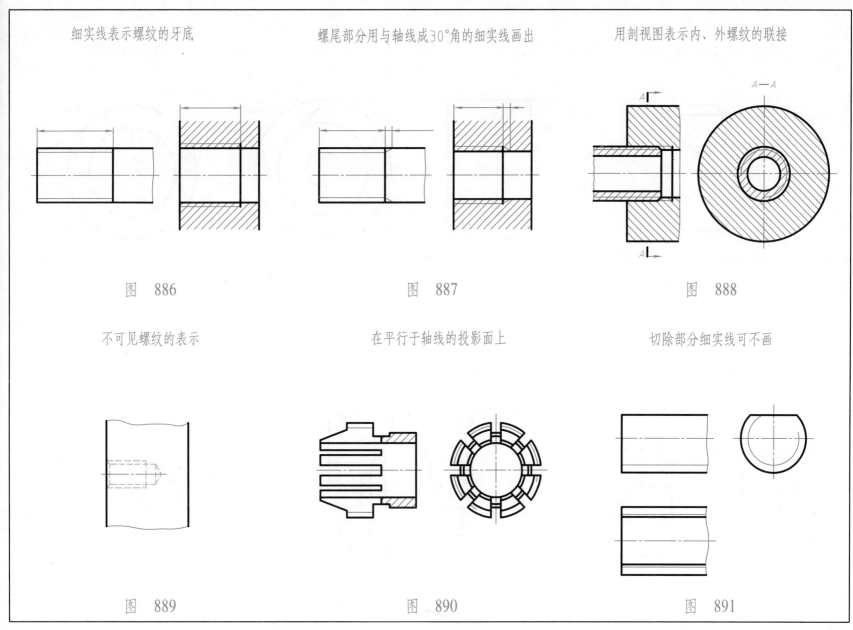

细实线表示螺纹的牙底

螺尾部分用与轴线成30°角的细实线画出

用剖视图表示内、外螺纹的联接

图　886

图　887

图　888

不可见螺纹的表示

在平行于轴线的投影面上

切除部分细实线可不画

图　889

图　890

图　891

不完全螺纹(一)   不完全螺纹(二)   螺纹处的剖面线

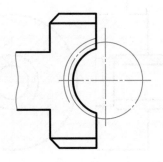

图　892

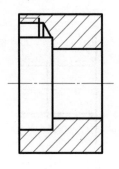

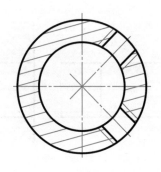

图　893

图　894

螺纹的相贯线

薄壁上的螺纹
为了明显地表示内、外螺纹,
可示意画出牙型

特殊螺纹:瓶口螺纹
可采用近似投影法绘制

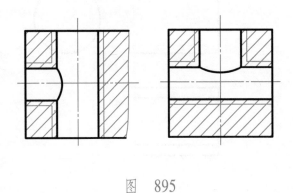

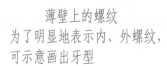

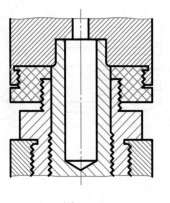

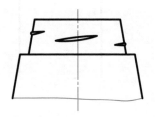

图　895

图　896

图　897

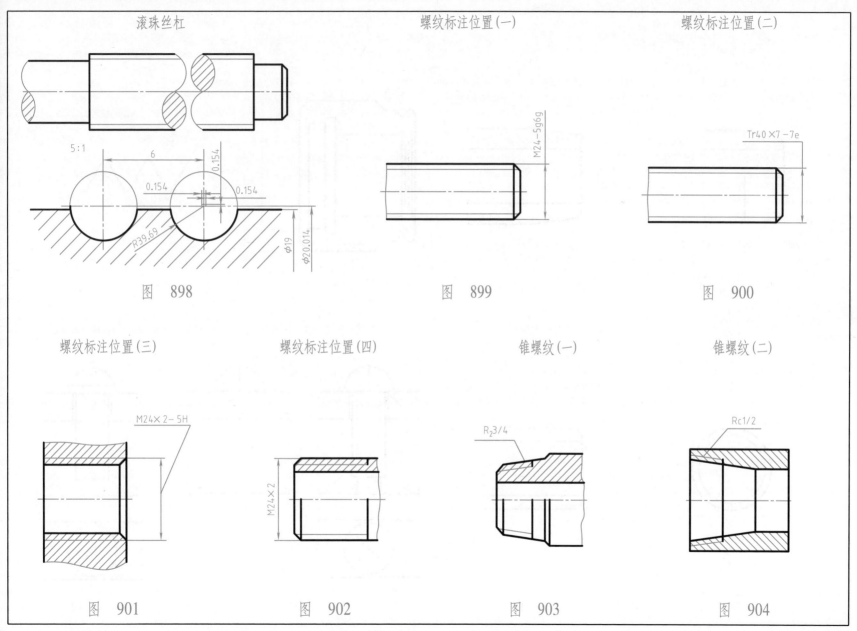

滚珠丝杠　　　　　　　　　螺纹标注位置(一)　　　　　　　螺纹标注位置(二)

图　898　　　　　　　　　图　899　　　　　　　　　图　900

螺纹标注位置(三)　　　　　螺纹标注位置(四)　　　　　　　锥螺纹(一)　　　　　　　　锥螺纹(二)

图　901　　　　　　　　　图　902　　　　　　　　　图　903　　　　　　　　　图　904

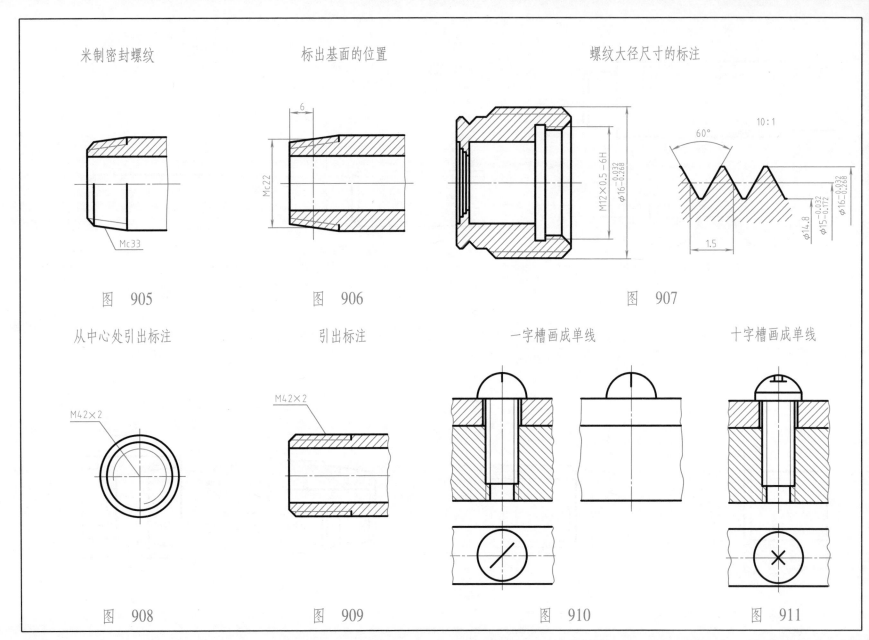

米制密封螺纹   标出基面的位置   螺纹大径尺寸的标注

图 905   图 906   图 907

从中心处引出标注   引出标注   一字槽画成单线   十字槽画成单线

图 908   图 909   图 910   图 911

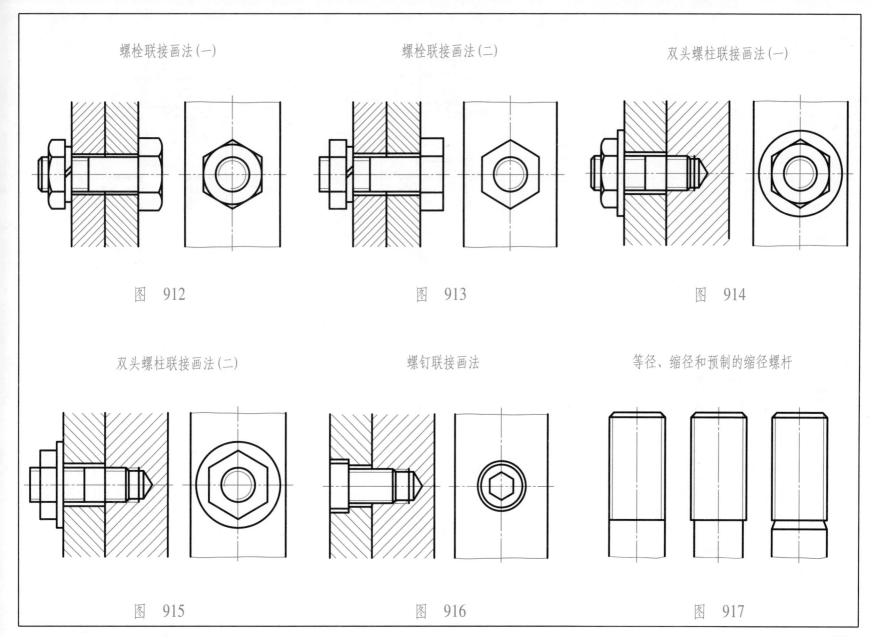

螺栓联接画法(一)

图 912

螺栓联接画法(二)

图 913

双头螺柱联接画法(一)

图 914

双头螺柱联接画法(二)

图 915

螺钉联接画法

图 916

等径、缩径和预制的缩径螺杆

图 917

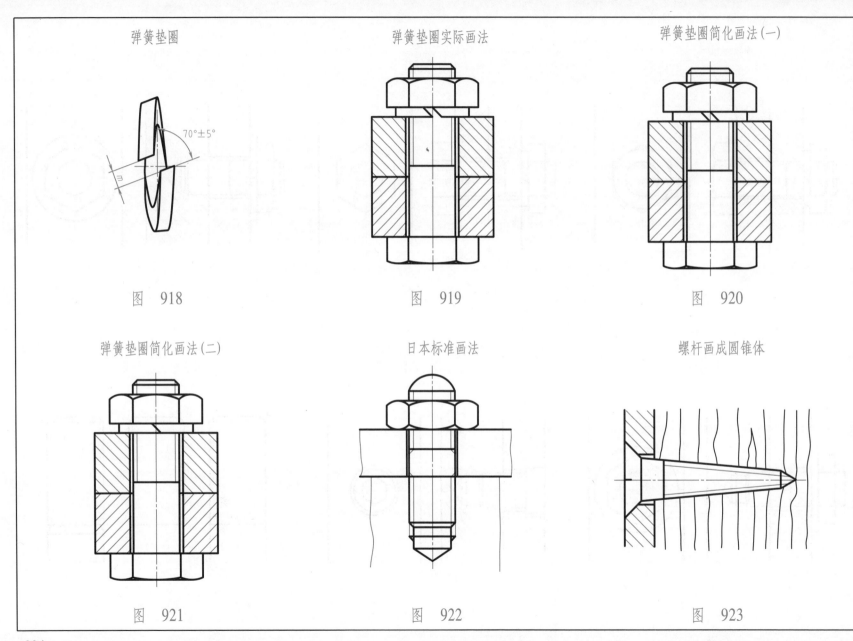

弹簧垫圈

70°±5°

图 918

弹簧垫圈实际画法

图 919

弹簧垫圈简化画法(一)

图 920

弹簧垫圈简化画法(二)

图 921

日本标准画法

图 922

螺杆画成圆锥体

图 923

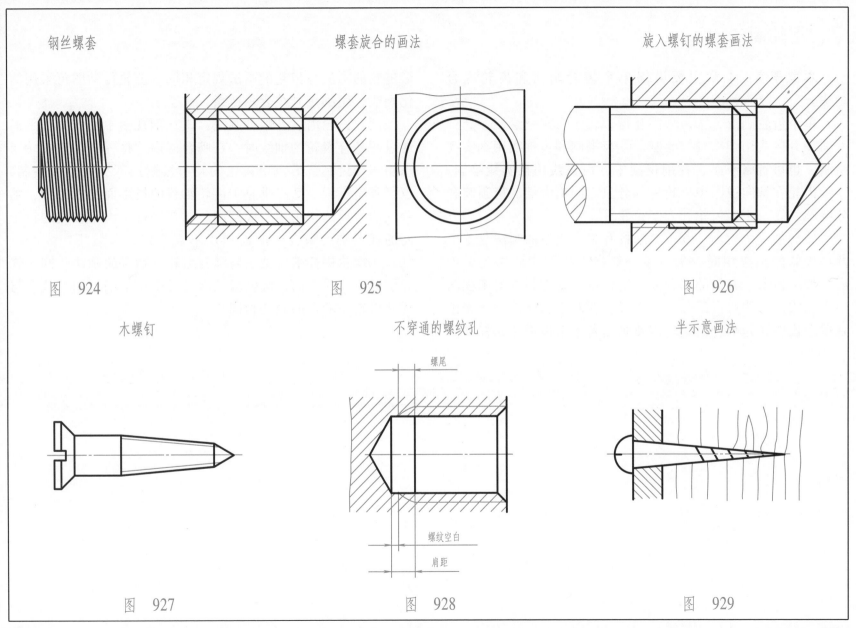

钢丝螺套

螺套旋合的画法

旋入螺钉的螺套画法

图 924

图 925

图 926

木螺钉

不穿通的螺纹孔

半示意画法

螺尾

螺纹空白

肩距

图 927

图 928

图 929

十、齿轮画法

本章导读：本章主要讲解单个齿轮画法和齿轮啮合画法。

单个齿轮画法：①齿顶圆和齿顶线用粗实线绘制。②分度圆和分度线用细点画线绘制。③齿根圆和齿根线用细实线绘制，也可省略不画；在剖视图中，齿根线用粗实线绘制。④锥齿轮在轴向视图中，轮齿部分只需画出大端的齿顶圆和分度圆。⑤对于斜齿轮和人字齿轮等，可用三条与齿线的方向一致的细实线表示。⑥单个蜗杆和单个蜗轮的画法与单个圆柱齿轮的画法相同。⑦齿条一般在主视图中画出几个齿形，如果齿条上有齿的部分为一定长度，则在相应的俯视图中用粗实线表明有齿部分的范围线。⑧对于圆弧齿轮，无论是单个齿轮还是啮合齿轮均需要画出若干个齿形。⑨标准齿形链轮的画法与齿轮的画法规定相同，链轮传动图可采用简化画法，用细点画线表示链条。

圆柱齿轮内、外啮合画法：①在剖视图中，当剖切平面通过两啮合齿轮的轴线时，在啮合区内，将一个齿轮的轮齿用粗实线绘制，另一个齿轮的轮齿被遮挡部分用虚线绘制，也可省略不画。②在垂直于齿轮轴线的投影面的视图中，啮合区的齿顶圆均用粗实线绘制。③在平行于齿轮轴线的投影面的视图中，啮合区的齿顶线不需画出，节线用粗实线绘制。④蜗轮蜗杆啮合画法与圆柱齿轮外啮合的画法相同。⑤为了保留齿线方向，圆弧齿轮啮合常采用不剖绘制，其余与圆柱齿轮外啮合的画法相同。

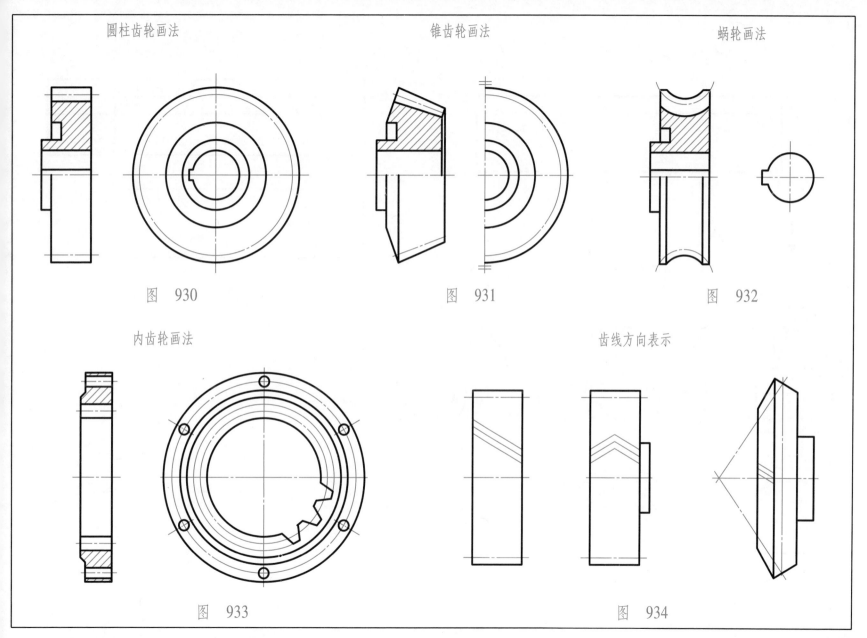

圆柱齿轮画法

图 930

锥齿轮画法

图 931

蜗轮画法

图 932

内齿轮画法

图 933

齿线方向表示

图 934

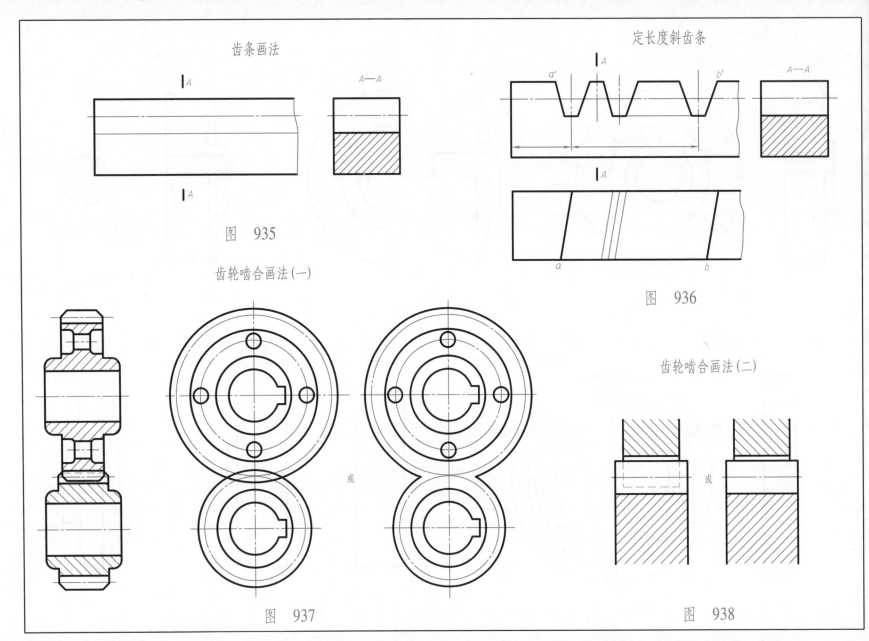

齿条画法

IA

$A{-}A$

图 935

定长度斜齿条

IA

a' b'

$A{-}A$

IA

a b

图 936

齿轮啮合画法(一)

或

图 937

齿轮啮合画法(二)

或

图 938

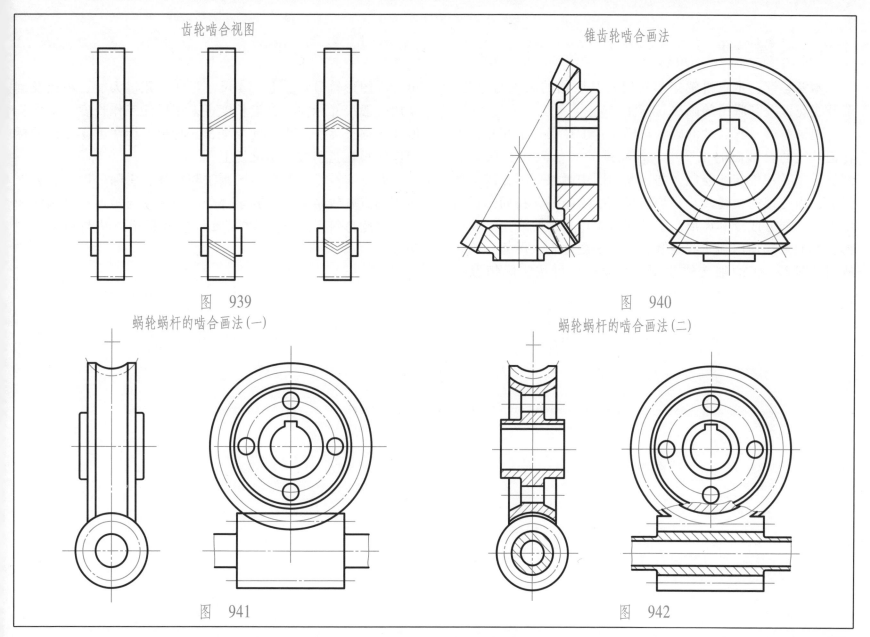

齿轮啮合视图

锥齿轮啮合画法

图　939

图　940

蜗轮蜗杆的啮合画法(一)

蜗轮蜗杆的啮合画法(二)

图　941

图　942

十一、花键画法

本章导读：本章讲解矩形花键及其联结的画法与标注、渐开线花键及其联结的画法与标注。

矩形花键及其联结的画法与标注：①在平行于和垂直于花键轴线的投影面的视图中，外花键的大径 D 用粗实线绘制，小径 d 用细实线绘制，并在断面图中画出一部分或全部齿形；内花键的大径及小径均用粗实线绘制，并在局部视图中画出一部分或全部齿形。②外花键工作长度的终止端和尾部长度的末端均用细实线绘制，并与轴线垂直，尾部一般用倾斜于轴线 30° 的细实线绘制，必要时，可按实际情况画出。③图形符号：ΠΓ。④尺寸标注：花键大径、小径及键宽用一般尺寸标注；花键长度可采用标注工作长度、工作长度及尾部长度、工作长度及全长三种形式标注。⑤花键的标记应注写在指引线的基准线上。

渐开线花键及其联结的画法与标注：①除分度圆和分度线用细点画线绘制外，其余部分除齿形外与矩形花键画法相同。②图形符号 ΠΓ。③尺寸标注及标记方法与矩形花键相同。

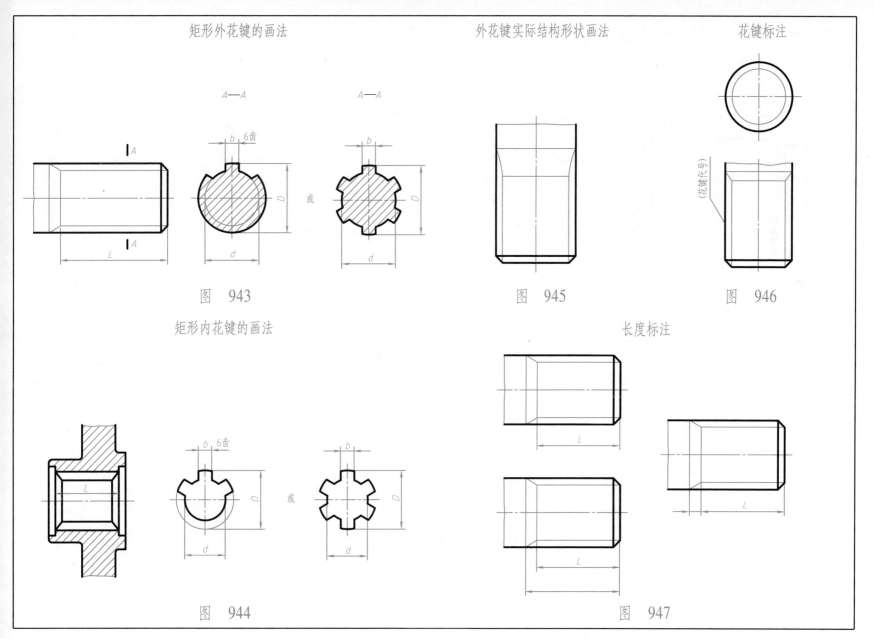

矩形外花键的画法

外花键实际结构形状画法

花键标注

A—A

A—A

(花键代号)

图　943

图　945

图　946

矩形内花键的画法

长度标注

图　944

图　947

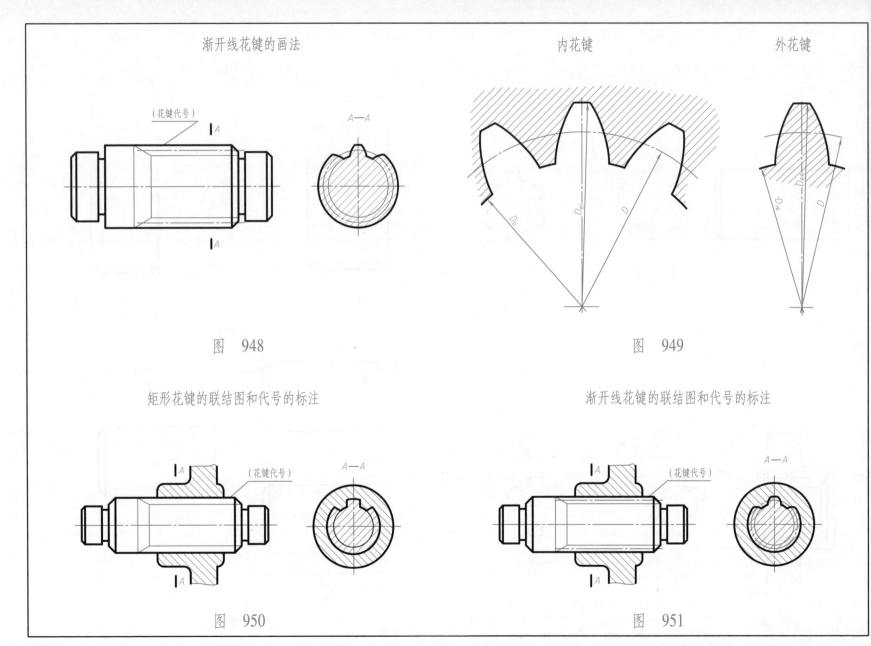

渐开线花键的画法

（花键代号）

A

A

$A—A$

内花键

D_{ii} D_{ei} D

外花键

D_{ee} D_{ie} D

图　948

图　949

矩形花键的联结图和代号的标注

A

（花键代号）

$A—A$

A

渐开线花键的联结图和代号的标注

A

（花键代号）

$A—A$

A

图　950

图　951

十二、弹簧的表示法

本章导读：本章主要讲述圆柱螺旋压缩弹簧、圆柱螺旋拉伸弹簧和圆柱螺旋扭转弹簧的表示法。

压缩弹簧、拉伸弹簧又各分为冷卷和热卷两种：①冷卷压缩弹簧（Y）分为两端圈并紧磨平（YⅠ）、两端圈并紧不磨（YⅡ）和两端圈不并紧（YⅢ）等多种。②热卷压缩弹簧（RY）分为两端圈并紧磨平（RYⅠ）、两端圈并紧不磨（RYⅡ）、两端圈制扁并紧磨平（RYⅢ）和两端圈制扁并紧不磨（RYⅣ）等多种。③冷卷拉伸弹簧（L）分为半圆钩环（LⅠ）、长臂半圆钩环（LⅡ）、圆钩环扭中心（LⅢ）、长臂偏心半圆钩环（LⅣ）、偏心圆钩环（LⅤ）、圆钩环压中心（LⅥ）、可调式拉簧（LⅦ）和具有可转钩环（LⅧ）等多种。④热卷拉伸弹簧（RL）分为半圆钩环（RLⅠ）、长臂半圆钩环（RLⅡ）和圆钩环扭中心（RLⅢ）等多种。

扭转弹簧（N）根据端部结构型式和代号又分为外臂扭转弹簧（NⅠ）、内臂扭转弹簧（NⅡ）、中心距扭转弹簧（NⅢ）、平列双扭弹簧（NⅣ）、直臂扭转弹簧（NⅤ）和单臂弯曲扭转弹簧（NⅥ）。

螺旋弹簧：①在平行于螺旋弹簧轴线的投影面的视图中，其各圈的轮廓应画成直线。②螺旋弹簧均可画成右旋，对必须保证的旋向要求应在"技术要求"中注明。③螺旋压缩弹簧，如要求两端并紧且磨平时，无论支承圈多少均可按标准绘制，必要时可按支承圈的实际结构绘制。

至于截锥螺旋压缩弹簧、截锥涡卷弹簧、碟形弹簧、平面涡卷弹簧及弹簧的装配画法本章不予表述。

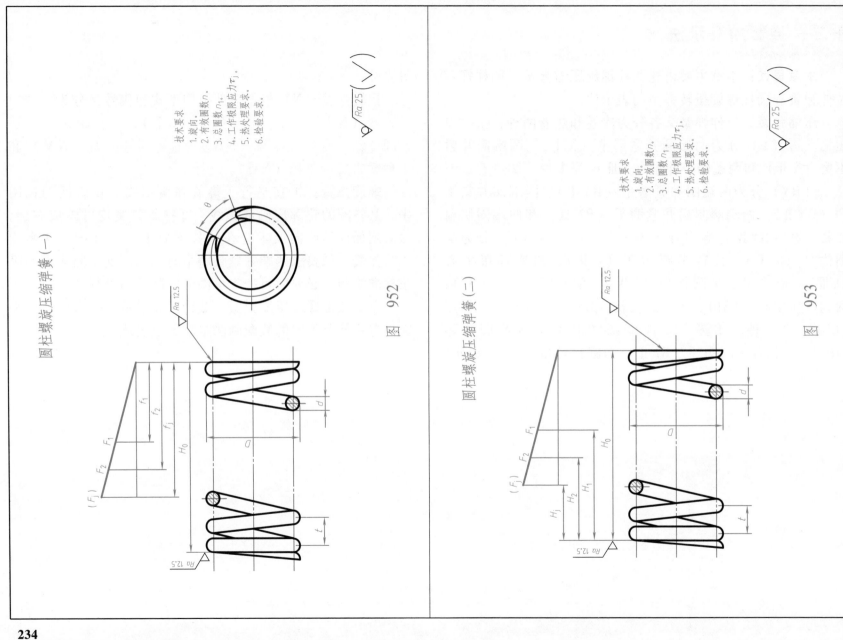

圆柱螺旋压缩弹簧（一）

图 952

技术要求
1. 旋向。
2. 有效圈数 n。
3. 总圈数 n_1。
4. 工作极限应力 τ_j。
5. 热处理要求。
6. 检验要求。

$\sqrt{Ra\ 25}\ (\sqrt{\ })$

圆柱螺旋压缩弹簧（二）

图 953

技术要求
1. 旋向。
2. 有效圈数 n。
3. 总圈数 n_1。
4. 工作极限应力 τ_j。
5. 热处理要求。
6. 检验要求。

$\sqrt{Ra\ 25}\ (\sqrt{\ })$

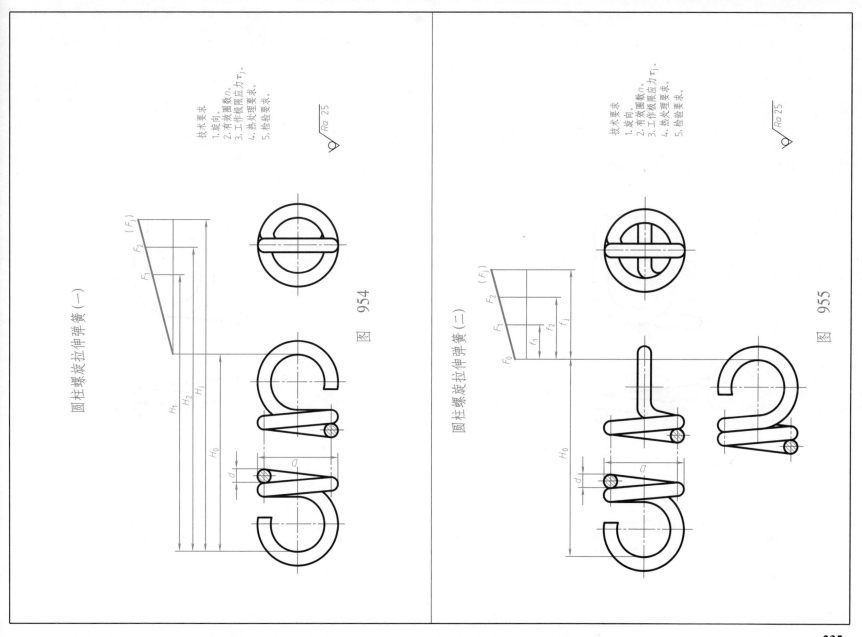

圆柱螺旋拉伸弹簧 (一)

技术要求
1. 旋向。
2. 有效圈数 n_0。
3. 工作极限应力 τ_j。
4. 热处理要求。
5. 检验要求。

$\sqrt{Ra\ 25}$

图 954

圆柱螺旋拉伸弹簧 (二)

技术要求
1. 旋向。
2. 有效圈数 n_0。
3. 工作极限应力 τ_j。
4. 热处理要求。
5. 检验要求。

$\sqrt{Ra\ 25}$

图 955

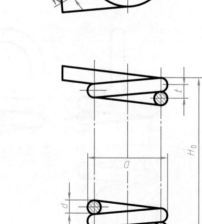

圆柱螺旋扭转弹簧（一）

技术要求
1. 旋向。
2. 有效圈数 n_0。
3. 工作极限应力 τ_j。
4. 热处理要求。
5. 检验要求。

图 956

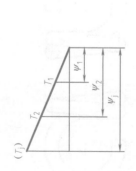

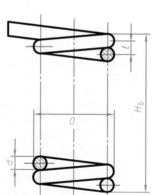

圆柱螺旋扭转弹簧（二）

技术要求
1. 旋向。
2. 有效圈数 n_0。
3. 工作极限应力 τ_j。
4. 热处理要求。
5. 检验要求。

图 957

236

十三、典型零件的表达

本章导读：零件表达按几何形状简单与复杂程度分为以下几种：

1）轴、套类零件。这类零件的主要结构是回转体，一般只用一个基本视图（作为主视图）表示其主要结构形状，再用剖视图、断面图、斜视图、局部视图及局部放大图等表示零件的内部结构和局部结构的形状。对于形状有规律变化且比较长的轴、套类零件，还可以采用折断画法。

2）轮、盘类零件。这类零件常由轮辐、辐板、键槽和连接孔等结构组成，一般用两个基本视图表示其主要结构形状，再选用剖视图、断面图、局部视图和斜视图等表示其内部结构和局部结构。对于结构比较简单的轮、盘类零件，有时只需一个基本视图，再配以局部视图及局部放大图等即能将零件的内、外结构形状表达清楚。

3）叉、架类零件。这类零件一般用两个以上的基本视图表示其主要结构形状，而用局部视图和斜视图表示不完整的及倾斜的外部形体结构，也选用局部剖视图、断面图等表示内部结构的形状。

4）壳体类零件。这类零件的结构形状较为复杂，一般需三个以上的基本视图表示其内、外部结构形状，并常要选用一些局部视图、斜视图和断面图等表示其局部结构形状。

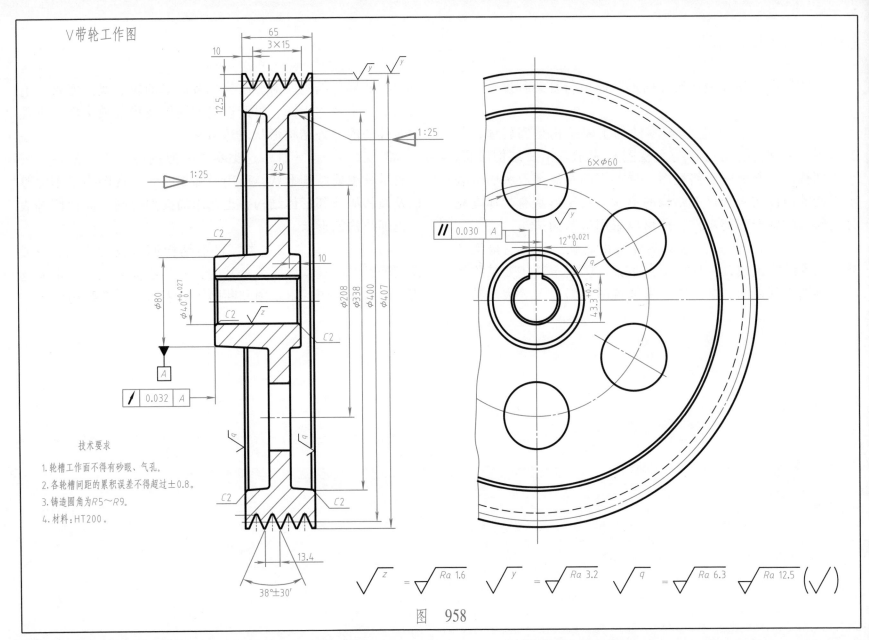

V带轮工作图

技术要求
1.轮槽工作面不得有砂眼、气孔。
2.各轮槽间距的累积误差不得超过±0.8。
3.铸造圆角为R5～R9。
4.材料:HT200。

图　958

套筒滚子链链轮工作图

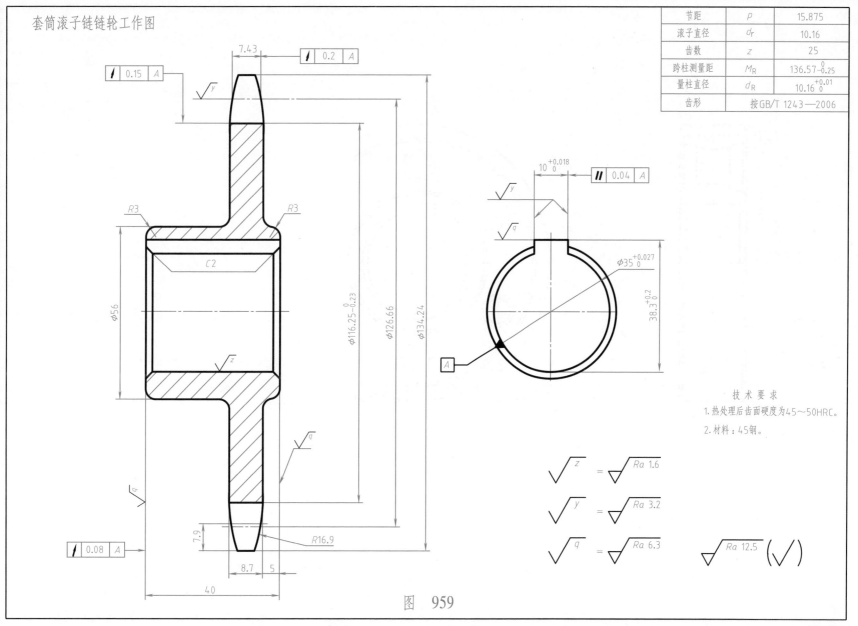

节距	P	15.875
滚子直径	d_r	10.16
齿数	z	25
跨柱测量距	M_R	$136.57_{-0.25}^{0}$
量柱直径	d_R	$10.16_{0}^{+0.01}$
齿形		按GB/T 1243—2006

$$\sqrt{}^{z} = \sqrt{}^{Ra\ 1.6}$$

$$\sqrt{}^{y} = \sqrt{}^{Ra\ 3.2}$$

$$\sqrt{}^{q} = \sqrt{}^{Ra\ 6.3}$$

$$\sqrt{}^{Ra\ 12.5}\ (\sqrt{})$$

技 术 要 求

1. 热处理后齿面硬度为45～50HRC。

2. 材料：45钢。

图　959

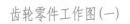

齿轮零件工作图(一)

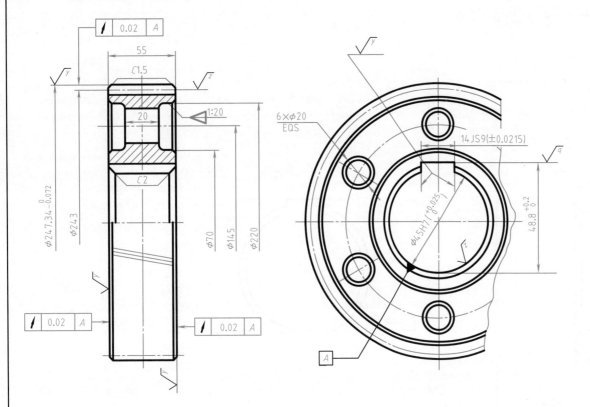

法向模数	m_n	2
齿数	z	121
齿形角	α	20°
齿顶高系数	h_a^*	1
螺旋角	β	12°40′48″
螺旋方向		右
法向变位系数	x_n	0
齿高	h	4.5
精度等级		8-8-7FL
齿圈径向跳动公差	F_r	0.063
公法线长度变动公差	F_W	0.050
齿廓形状偏差	$f_{f\alpha}$	0.018
单个齿距偏差	f_{pt}	±0.022
螺旋线总偏差	F_β	0.016
公法线	W_{kn}	$89.247^{-0.088}_{-0.352}$
	k	15

技术要求
1. 热处理后齿面硬度为230~260HBW。
2. 未注圆角 $R5$。
3. 未注倒角 $C1.5$。

$\sqrt{z} = \sqrt{Ra\ 1.6}$

$\sqrt{y} = \sqrt{Ra\ 3.2}$

$\sqrt{q} = \sqrt{Ra\ 6.3}$

$\sqrt{Ra\ 12.5}\left(\sqrt{}\right)$

图 960

240

齿轮零件工作图(二)

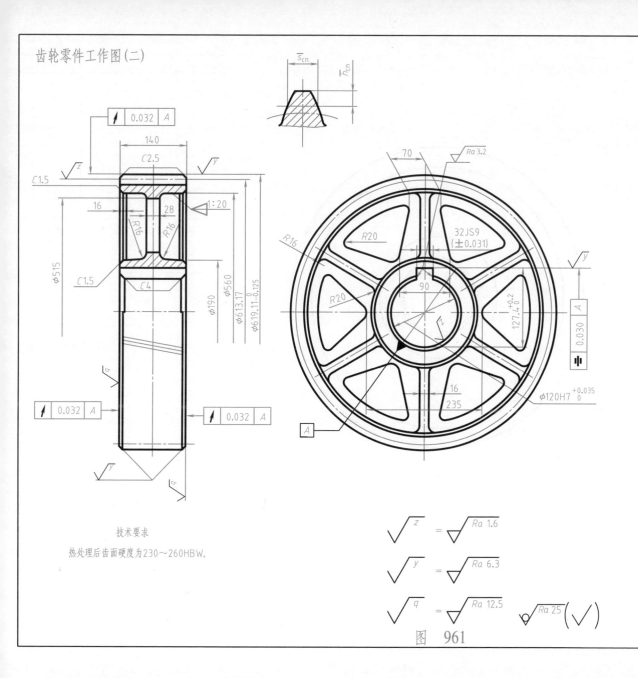

技术要求

热处理后齿面硬度为230～260HBW。

$$\sqrt{z} = \sqrt{Ra\ 1.6}$$

$$\sqrt{y} = \sqrt{Ra\ 6.3}$$

$$\sqrt{q} = \sqrt{Ra\ 12.5} \qquad \sqrt{Ra\ 25}\left(\sqrt{}\right)$$

图　961

法向模数	m_n	5	
齿数	z	121	
齿形角	α	20°	
齿顶高系数	h_a^*	1	
螺旋角	β	9°22′	
螺旋方向		右	
法向变位系数	x_n	−0.405	
齿高	h	11.25	
精度等级		8-8-7HK	
齿圈径向跳动公差	F_r	0.090	
公法线长度变动公差	F_W	0.063	
齿廓形状偏差	$f_{f\alpha}$	0.028	
单个齿距偏差	f_{pt}	±0.028	
螺旋线总偏差	F_β	0.020	
法向固定弦齿厚	$\bar{s}_{cn}$	$5.633^{-0.112}_{-0.448}$	
法向固定弦齿高	$\bar{h}_{cn}$	1.945	

锥齿轮工作图(一)

齿制		GB/T 12369—1990
大端端面模数	m_e	7
齿数	z	38
中点螺旋角	β	0
齿形角	α	20°
齿顶高系数	h_a^*	1
切向变位系数	x_t	0
径向变位系数	x	0
大端齿高	h_e	15.4
精度等级		6cB GB/T 11365—2019
公差组	检验项目	数值
I	F_i'	0.072
II	f_i'	0.019
III	沿齿长接触率>60%	
	沿齿高接触率>65%	
大端分度圆弦齿厚	$\overline{s}_{ae}$	$10.99^{-0.072}_{-0.157}$
大端分度圆弦齿高	$\overline{h}_{ae}$	7.053

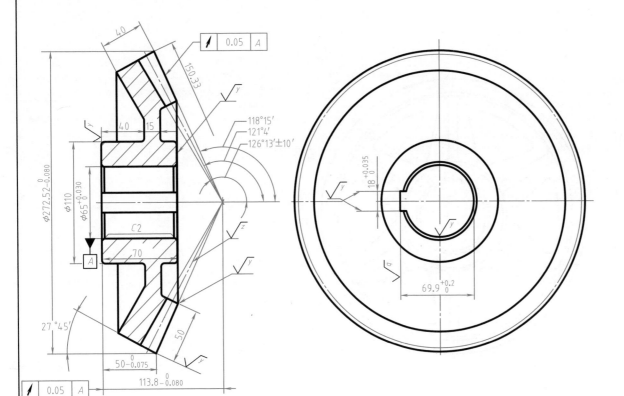

技术要求

1.热处理后齿面硬度为163~197HBW。
2.未注锐边倒钝。

图 962

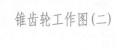

锥齿轮工作图(二)

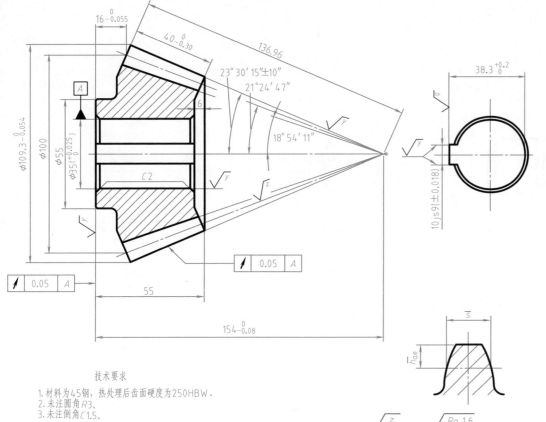

齿制	GB/T 12369—1990	
大端端面模数	m_e	5
齿数	z	20
中点螺旋角	β	0
齿形角	α	20°
齿顶高系数	h_a^*	1
切向变位系数	x_t	0
径向变位系数	x	0
大端齿高	h_e	11
精度等级	6cB GB/T 11365—2019	
公差组	检验项目	数值
I	F_i'	0.039
II	f_i'	0.016
III	沿齿长接触率>60%	
	沿齿高接触率>60%	
大端分度圆弦齿厚	$\overline{s}_{ae}$	$7.85_{-0.128}^{-0.053}$
大端分度圆弦齿高	$\overline{h}_{ae}$	5.144

技术要求

1. 材料为45钢，热处理后齿面硬度为250HBW。
2. 未注圆角 R3。
3. 未注倒角 C1.5。

$$\sqrt{z} = \sqrt{Ra\ 1.6}$$
$$\sqrt{y} = \sqrt{Ra\ 3.2}$$
$$\sqrt{q} = \sqrt{Ra\ 6.3}$$
$$\sqrt{Ra\ 12.5}(\sqrt{\ })$$

图   963

圆柱齿轮工作图

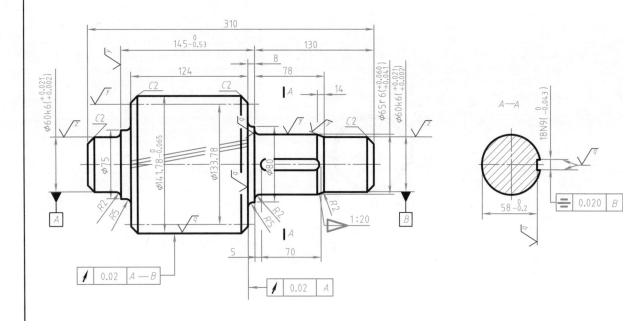

法向模数	m_n	4
齿数	z	33
齿形角	α	20°
齿顶高系数	h_a^*	1
螺旋角	β	9°22′
螺旋方向	左	
径向变位系数	x	0
齿高	h	9
精度等级	8-8-7GJ	
齿轮副中心距 及其极限偏差	$a \pm f_a$	300±0.041
配对齿轮	图号	
	齿数	115
齿圈径向 跳动公差	F_r	0.071
公法线长度 变动公差	F_W	0.050
齿廓形状偏差	$f_{f\alpha}$	0.022
单个齿距偏差	f_{pt}	±0.028
螺旋线总偏差	F_β	0.020
公法线	W_{kn}	$43.25^{-0.168}_{-0.280}$
	k	4

技术要求
热处理后硬度为241～286HBW。

$A-A$

$\boxed{= \ 0.020 \ B}$

$\sqrt{z} = \sqrt{Ra\ 1.6}$

$\sqrt{y} = \sqrt{Ra\ 3.2}$

$\sqrt{q} = \sqrt{Ra\ 6.3}$

$\sqrt{Ra\ 25}(\sqrt{})$

图　964

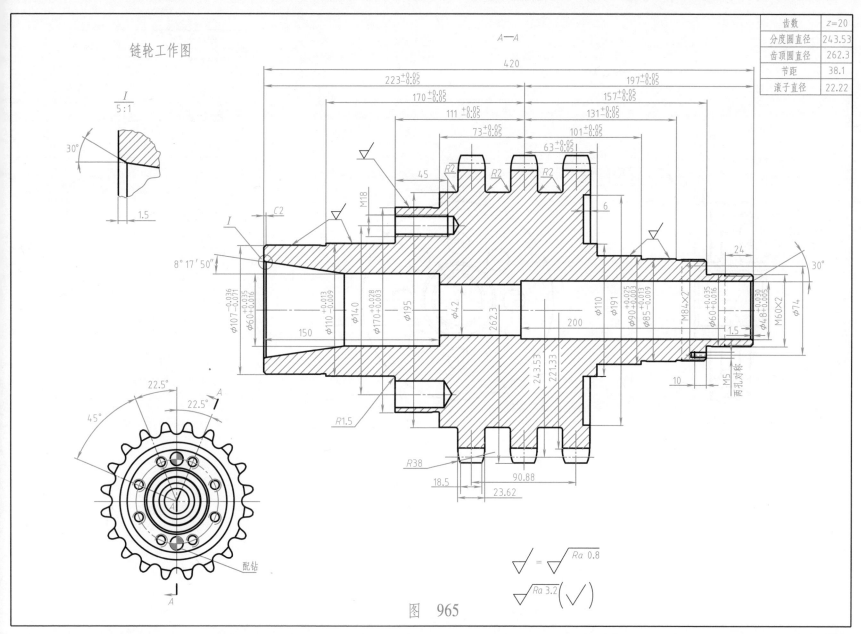

链轮工作图

齿数	z=20
分度圆直径	243.53
齿顶圆直径	262.3
节距	38.1
滚子直径	22.22

$\dfrac{I}{5:1}$

A—A

图 965

245

蜗轮工作图

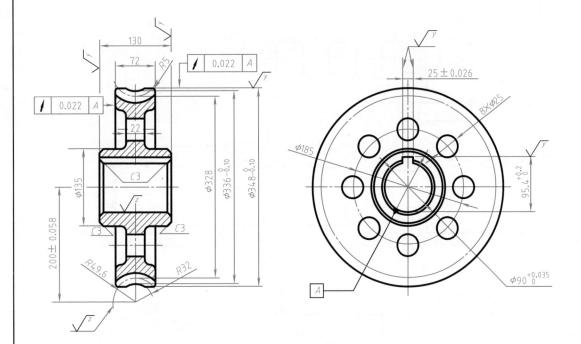

传动类型		ZA 型蜗杆副
蜗轮端面模数	m	8
蜗杆头数	z_1	2
导程角	γ	11°18′36″
螺旋线方向		右旋
蜗杆轴向剖面内的齿形角	α	20°
蜗轮齿数	z_2	41
蜗轮变位系数	x_2	−0.5
中心距	a	200
精度等级		蜗轮8c GB/T10089 —2018
蜗轮齿距累积总偏差	F_{P2}	0.125
单个齿距偏差	f_{pt}	±0.032
蜗轮齿厚	s_2	$9.65^{\ 0}_{-0.16}$

技术要求
1. 未注圆角 $R8$。
2. 锐边倒钝。

$$\sqrt{^z} = \sqrt{Ra\ 3.2} \qquad \sqrt{Ra\ 12.5}\ \left(\sqrt{}\right)$$

$$\sqrt{^y} = \sqrt{Ra\ 6.3}$$

图 966

蜗杆工作图

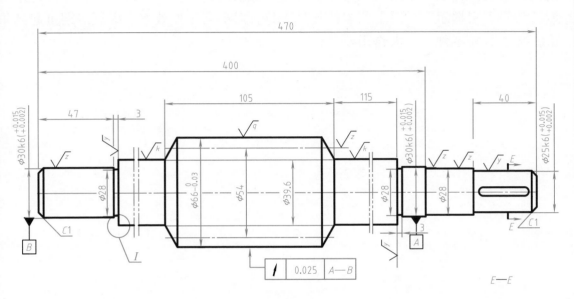

传动类型		ZA型蜗杆副
蜗杆头数	z_1	3
蜗杆轴向模数	m_x	6
蜗杆螺旋线导程角	γ	18°26′06″
蜗杆旋向		右旋
轴向剖面的齿形角	α_x	20°
精度等级		蜗杆 8c GB/T 10089—2018
中心距	a	207
配对蜗轮图号		
蜗杆轴向齿距累积总偏差	F_{pxl}	0.034
蜗杆轴向齿距偏差	f_{px}	±0.020
蜗杆齿廓形状偏差	$f_{f\alpha1}$	0.032
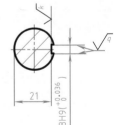	s_{x1}	$9.42_{-0.278}^{-0.207}$
	s_{n1}	$8.94_{-0.278}^{-0.207}$
	$\bar{h}_{a1}$	6

I放大

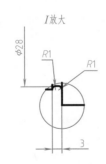

$E—E$

$$\sqrt{z} = \sqrt[\nabla]{Ra\ 0.8} \qquad \sqrt{q} = \sqrt[\nabla]{Ra\ 3.2} \qquad \sqrt[\nabla]{Ra\ 12.5}\ (\sqrt{})$$

$$\sqrt{y} = \sqrt[\nabla]{Ra\ 1.6} \qquad \sqrt{k} = \sqrt[\nabla]{Ra\ 6.3}$$

图 967

十四、减速器的工作原理示意图及零件图

本章导读: 采用规定的符号和较形象的图线绘制图样的表意性图示方法,可大量减少装配图的绘制工作量。根据示意图上的零件编号和零件的摆放位置,可系统地拆画零件图。零件图是按国家标准绘制的,零件图上的序号应与示意图上的零件编号一致,对提高工作效率、缩短工期可起到很大作用。

序号	名称	数量	材料	备注	序号	名称	数量	材料	备注
1	销4×18	2	Q235	GB/T 117—2000	7	螺母 M10×25	1	Q235	GB/T 6170—2015
2	螺栓 M8×65	4	Q235	GB/T 5784—1986	11	螺栓 M8×25	2	Q235	GB/T 5784—1986
3	垫圈8	6	65Mn	GB/T 93—1987	22	滚动轴承204	2		GB/T 276—2013
4	螺母M8	6	Q235	GB/T 6170—2015	25	滚动轴承206	2		GB/T 276—2013
5	螺钉 M8×10	4	Q235	GB/T 67—2016	30	键10×22	1	45	GB/T 1096—2003

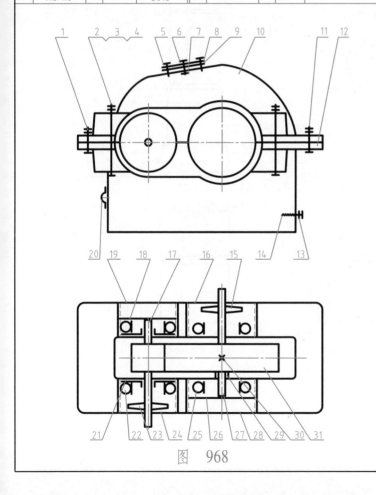

图 968

模数	m	2	配偶件	件号	17
齿数	z_2	55		齿数	z_1 15
压力角	α	20°	公法线长度	W_k	39.92
精度等级	8-8-7HK		跨齿数	k	7

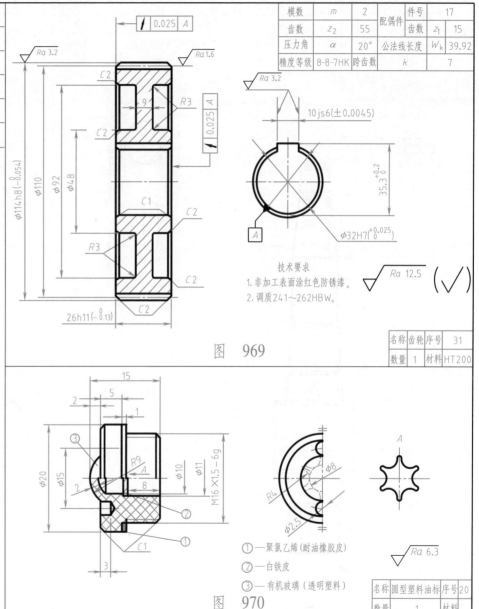

技术要求
1. 非加工表面涂红色防锈漆。
2. 调质241~262HBW。

图 969

名称	齿轮	序号	31
数量	1	材料	HT200

①—聚氯乙烯(耐油橡胶皮)
②—白铁皮
③—有机玻璃(透明塑料)

图 970

名称	圆型塑料油标	序号	20
数量	1	材料	

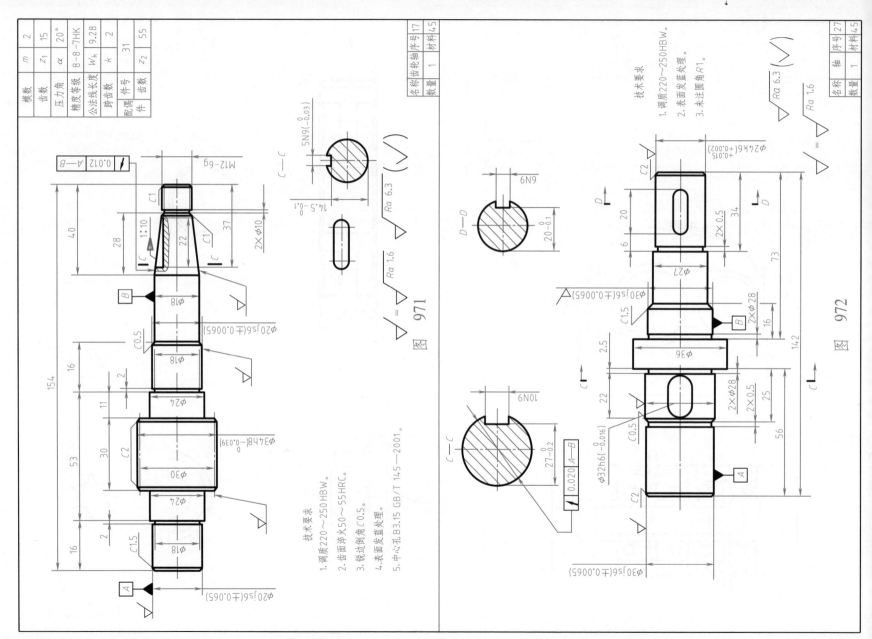

模数	m	2
齿数	z_1	15
压力角	α	20°
精度等级		8-8-7HK
公法线长度	W_k	9.28
跨齿数	k	2
配偶件	件号	31
	齿数	z_2	55

| 名称 | 齿轮轴 | 序号 | 17 |
| 数量 | 1 | 材料 | 45 |

C—C

5N9($^{0}_{-0.03}$)

$14.5^{0}_{-0.1}$

$\sqrt{Ra\ 6.3}$ $(\sqrt{})$

$\sqrt{} = \sqrt{Ra\ 1.6}$

图 971

M12-6g

$\boxed{/}$ $\boxed{0.012}$ $A—B$

C1

1:10

C1

28

40

37

$2\times\phi10$

$\boxed{B}$

$\phi18$

$\phi20js6(\pm0.0065)$

C0.5

$\phi18$

16

2

154

11

$\phi24$

C2

$\phi34$8$(^{0}_{-0.039})$

$\phi30$

53

30

$\phi24$

16

2

C1.5

$\phi18$

$\boxed{A}$

$\phi20js6(\pm0.065)$

技术要求
1. 调质220~250HBW。
2. 齿面淬火50~55HRC。
3. 锐边倒角C0.5。
4. 表面发蓝处理。
5. 中心孔B3.15 GB/T 145—2001。

技术要求
1. 调质220~250HBW。
2. 表面发蓝处理。
3. 未注圆角R1。

| 名称 | 轴 | 序号 | 27 |
| 数量 | 1 | 材料 | 45 |

$\sqrt{Ra\ 6.3}$ $(\sqrt{})$

$\sqrt{} = \sqrt{Ra\ 1.6}$

图 972

$\phi24k6(^{+0.015}_{+0.002})$

C2

D—D

6N9

$20^{0}_{-0.1}$

2×0.5

34

20

6

$\boxed{D}$

$\phi27$

$\phi30js6(\pm0.0065)$ $\boxed{A}$

C1.5

73

$\boxed{B}$

$2\times\phi28$

2×0.5

16

$\phi36$

2.5

$2\times\phi28$

142

C—C

10N9

$27^{0}_{-0.2}$

$\phi32h6(^{0}_{-0.016})$

22

2×0.5

25

C0.5

C2

56

$\boxed{A}$

$\boxed{0.020}$ $A—B$

$\phi30js6(\pm0.0065)$

250

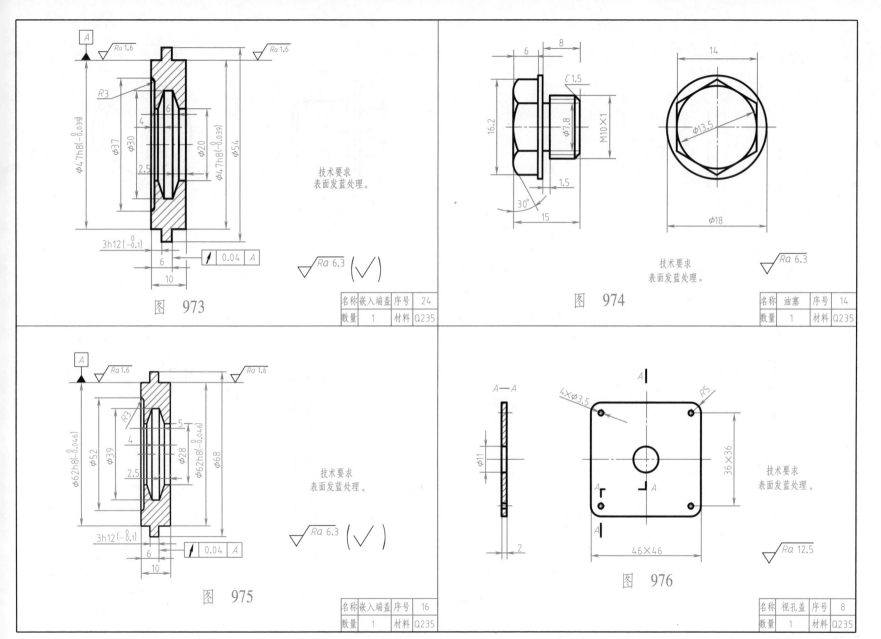

技术要求
表面发蓝处理。

$\sqrt{Ra\,6.3}\,(\,\sqrt{}\,)$

图 973

名称	嵌入端盖	序号	24
数量	1	材料	Q235

技术要求
表面发蓝处理。

$\sqrt{Ra\,6.3}$

图 974

名称	油塞	序号	14
数量	1	材料	Q235

技术要求
表面发蓝处理。

$\sqrt{Ra\,6.3}\,(\,\sqrt{}\,)$

图 975

名称	嵌入端盖	序号	16
数量	1	材料	Q235

技术要求
表面发蓝处理。

$\sqrt{Ra\,12.5}$

图 976

名称	视孔盖	序号	8
数量	1	材料	Q235

251

Ra 6.3 (√)

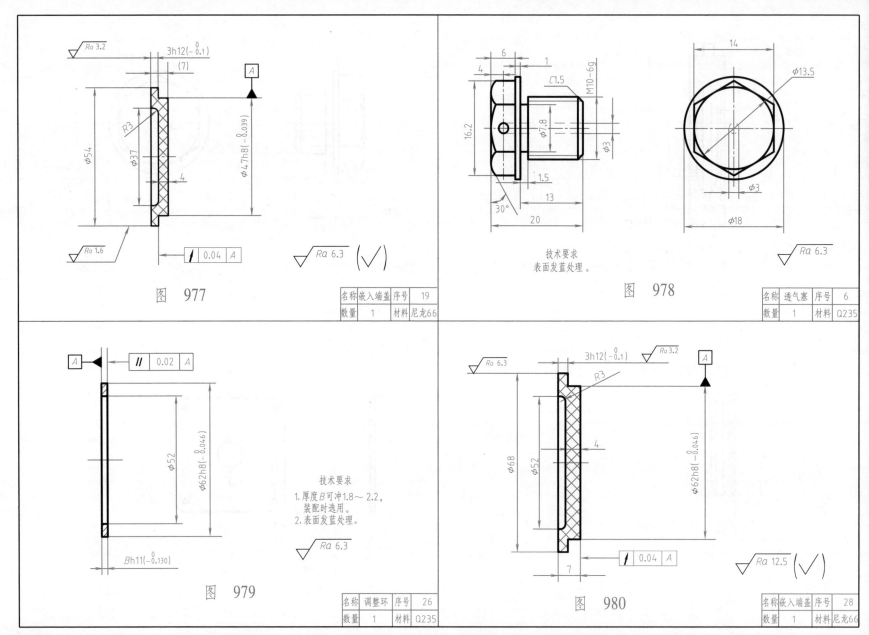

图 977

名称	嵌入端盖	序号	19
数量	1	材料	尼龙66

技术要求
表面发蓝处理。

Ra 6.3

图 978

名称	透气塞	序号	6
数量	1	材料	Q235

技术要求
1. 厚度B可冲1.8～2.2，
装配时选用。
2. 表面发蓝处理。

Ra 6.3

图 979

名称	调整环	序号	26
数量	1	材料	Q235

Ra 12.5 (√)

图 980

名称	嵌入端盖	序号	28
数量	1	材料	尼龙66

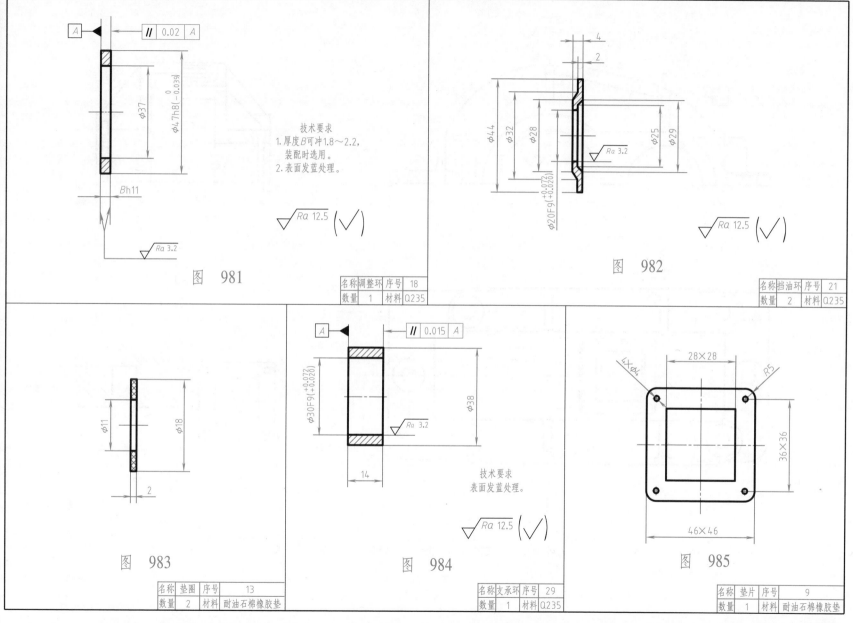

技术要求
1. 厚度B可冲1.8~2.2,
   装配时选用。
2. 表面发蓝处理。

$\sqrt{Ra\ 12.5}$ ($\sqrt{}$)

图 981

名称	调整环	序号	18
数量	1	材料	Q235

$\sqrt{Ra\ 12.5}$ ($\sqrt{}$)

图 982

名称	挡油环	序号	21
数量	2	材料	Q235

图 983

名称	垫圈	序号	13
数量	2	材料	耐油石棉橡胶垫

技术要求
表面发蓝处理。

$\sqrt{Ra\ 12.5}$ ($\sqrt{}$)

图 984

名称	支承环	序号	29
数量	1	材料	Q235

图 985

名称	垫片	序号	9
数量	1	材料	耐油石棉橡胶垫

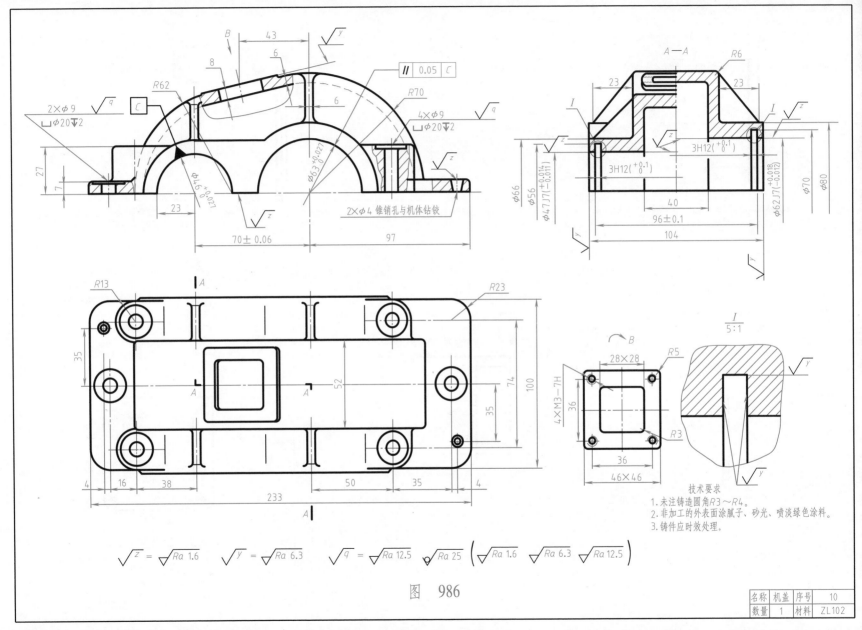

$$\sqrt{z} = \sqrt{Ra\ 1.6} \qquad \sqrt{y} = \sqrt{Ra\ 6.3} \qquad \sqrt{q} = \sqrt{Ra\ 12.5} \quad \sqrt{} \sqrt{Ra\ 25} \left(\sqrt{Ra\ 1.6} \quad \sqrt{Ra\ 6.3} \quad \sqrt{Ra\ 12.5} \right)$$

图　986

名称	机盖	序号	10
数量	1	材料	ZL102

技术要求
1. 未注铸造圆角R3～R4。
2. 非加工的外表面涂腻子、砂光、喷淡绿色涂料。
3. 铸件应时效处理。

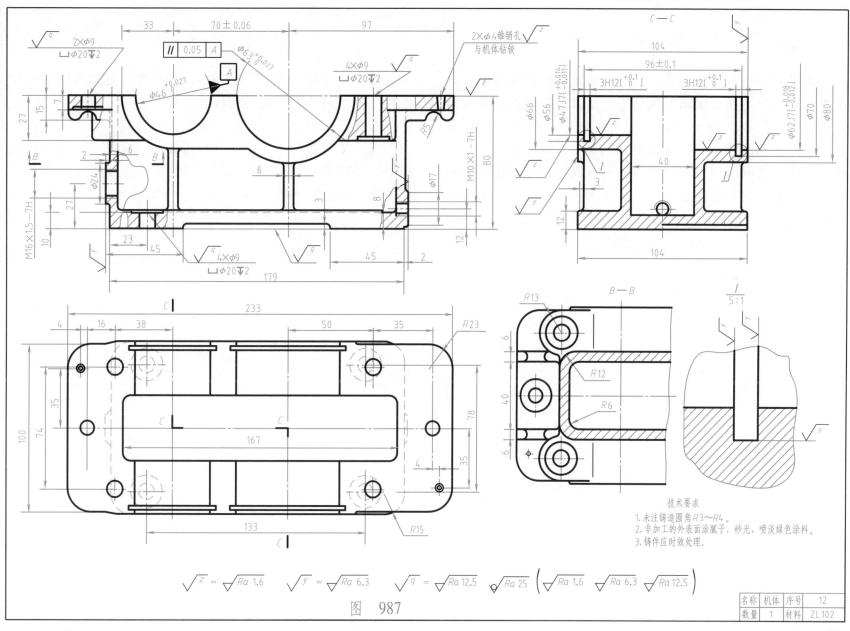

技术要求
1. 未注铸造圆角R3~R4。
2. 非加工的外表面涂腻子、砂光、喷淡绿色涂料。
3. 铸件应时效处理。

$\sqrt{z} = \sqrt{Ra\ 1.6}$ $\sqrt{y} = \sqrt{Ra\ 6.3}$ $\sqrt{q} = \sqrt{Ra\ 12.5}$ $\sqrt{}\ Ra\ 25$ $\left(\sqrt{}\ Ra\ 1.6 \quad \sqrt{}\ Ra\ 6.3 \quad \sqrt{}\ Ra\ 12.5 \right)$

图   987

名称	机体	序号	12
数量	1	材料	ZL102

255

十五、齿轮泵的装配图及零件图

本章导读：本章图例是完整的齿轮泵装配图及装配图对应的各零件图。在装配图上表达了产品或部件的性能和规格尺寸。在装配图上表示的尺寸有：①表示产品或部件的总长、总宽和总高的尺寸，这也是外形尺寸。②标出了产品或部件内零件之间装配要求的尺寸，包括配合尺寸和重要的相对位置尺寸，这也就是装配尺寸。③表示产品或部件安装在基础上或其他零部件上所必需的尺寸，这也是安装尺寸。

④设计上的计算尺寸、装配时的加工尺寸、运动件的极限位置尺寸以及某些重要的结构尺寸，也称为其他重要尺寸。

在读装配图时还应注意：①装配图上所有的零部件都必须编号。②装配图中一个部件只可编写一个序号；同一装配图中，相同零部件应编写同样的序号。③装配图中零部件的序号应与明细栏中的序号一致。

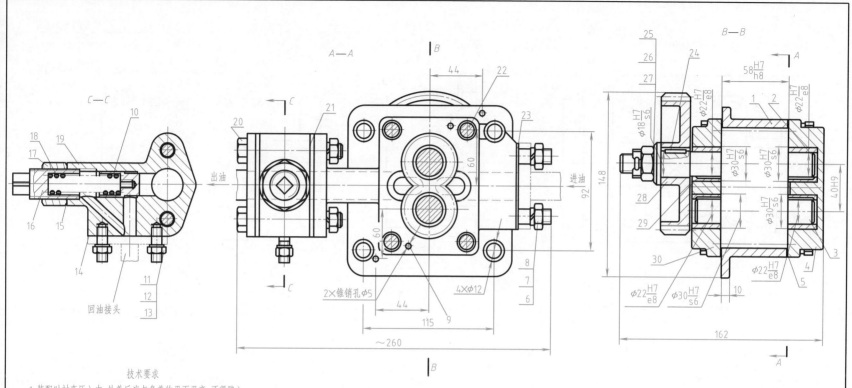

技术要求

1.装配时衬套压入内、外盖后应与各盖的平面平齐,不得陷入。

2.除齿轮泵内盖外端可有渗油外,其他各部分均不得有渗油现象。

3.试验完毕后,将压力调节阀调至0.5MPa。

图 988

30		内盖	1	HT200	22		螺栓M10×90	4	Q235	13		垫圈	2	Q235	4		外盖	1	HT200	
29		衬套	4	QSn7-0.2	21		垫片	2	铜片	12		螺母	2	Q235	3		从动齿轮轴	1	45	
28		传动齿轮	1	QT600-3	20		螺栓M10×80	2	Q235	11		螺栓M8×20	2	Q235	2		主动齿轮轴	1	45	
27		销	1	45	19		调节阀体	1	HT200	10		调节阀	1	45	1		泵体	1	HT200	
26		螺母M16×1.5	1	Q235	18		弹簧	1	50CrVA	9		销5×25	2	45	序号	代号	名称	数量	材料	备注
25		垫圈B16	1	Q235	17		螺母	1	45	8		垫圈	8	Q235	齿轮泵			共 张	图号	
24		键6×18	1	Q235	16		调节螺钉	1	45	7		螺母	8	Q235				第 张	比例	
23		垫片	1	铜片	15		垫片	1	铜片	6		螺柱	2	Q235	制图					
					14		垫片	1	铜片	5		垫片	2	铜片	审核					

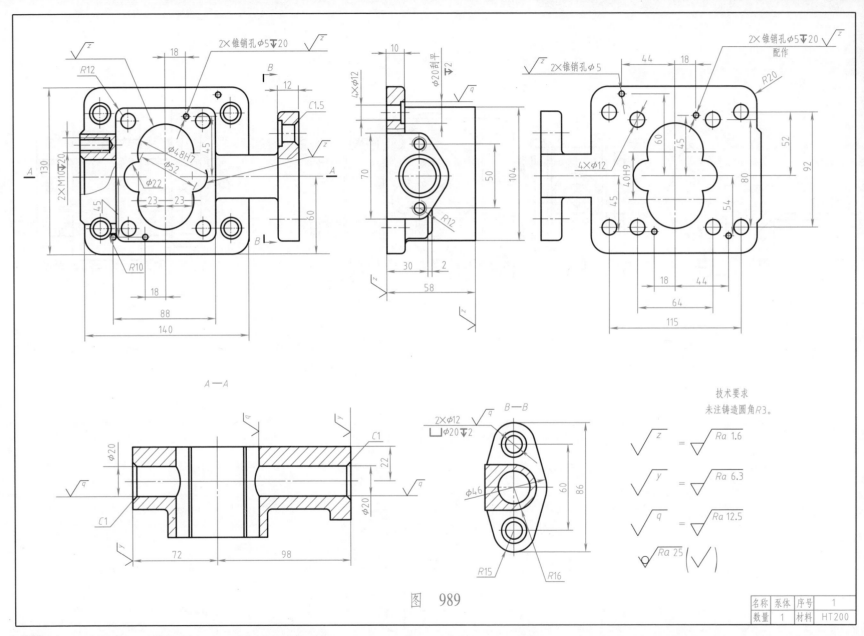

图　　989

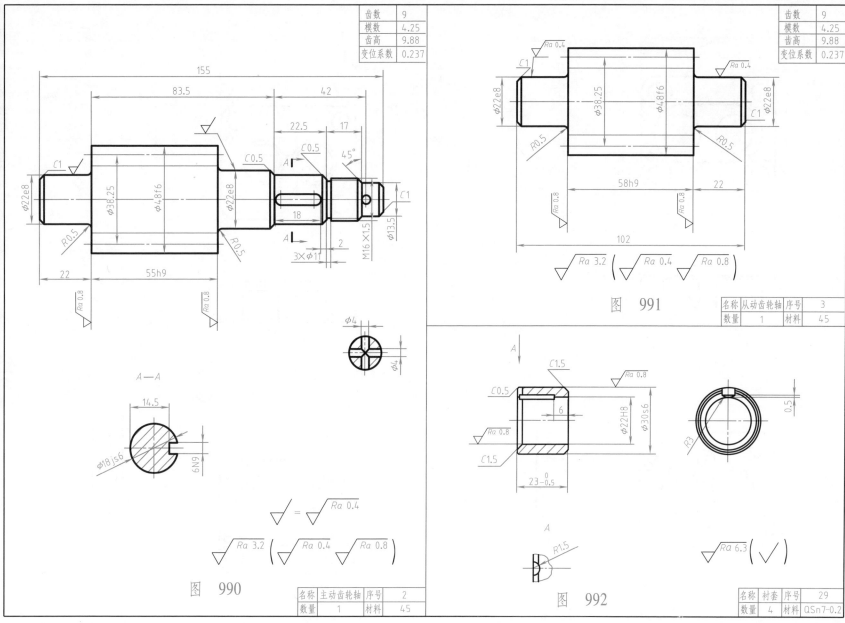

齿数	9
模数	4.25
齿高	9.88
变位系数	0.237

齿数	9
模数	4.25
齿高	9.88
变位系数	0.237

图 990

名称	主动齿轮轴	序号	2
数量	1	材料	45

图 991

名称	从动齿轮轴	序号	3
数量	1	材料	45

图 992

名称	衬套	序号	29
数量	4	材料	QSn7-0.2

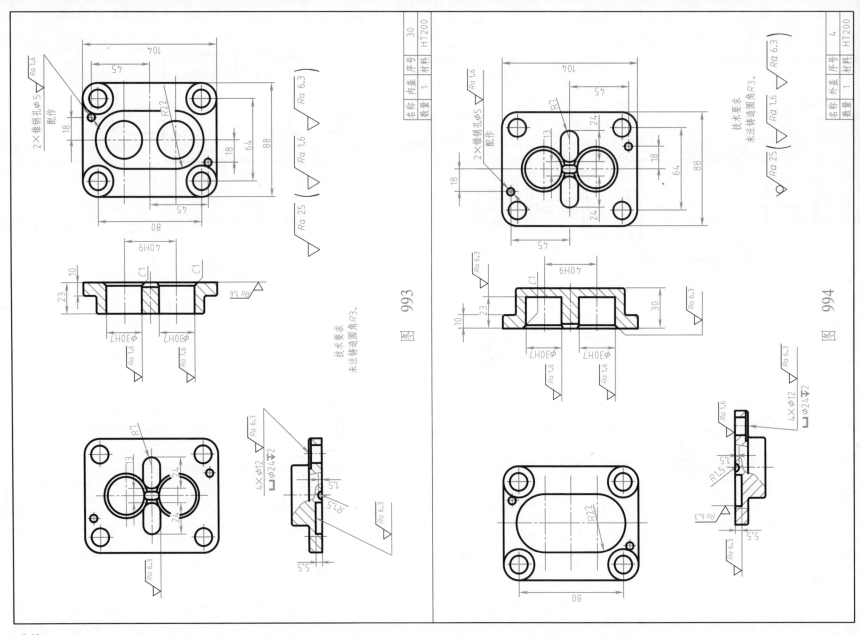

图 993

图 994

260

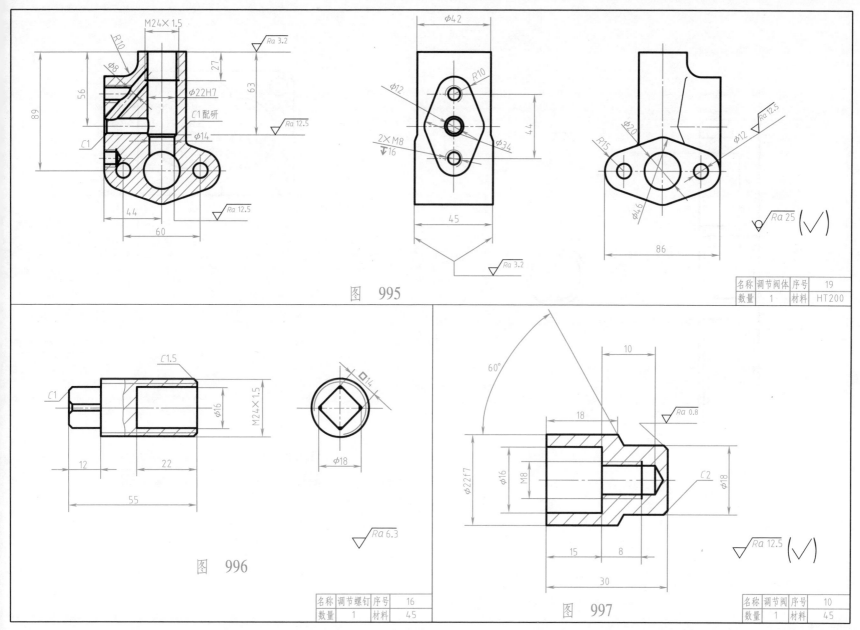

图　995

名称	调节阀体	序号	19
数量	1	材料	HT200

图　996

名称	调节螺钉	序号	16
数量	1	材料	45

图　997

名称	调节阀	序号	10
数量	1	材料	45

261

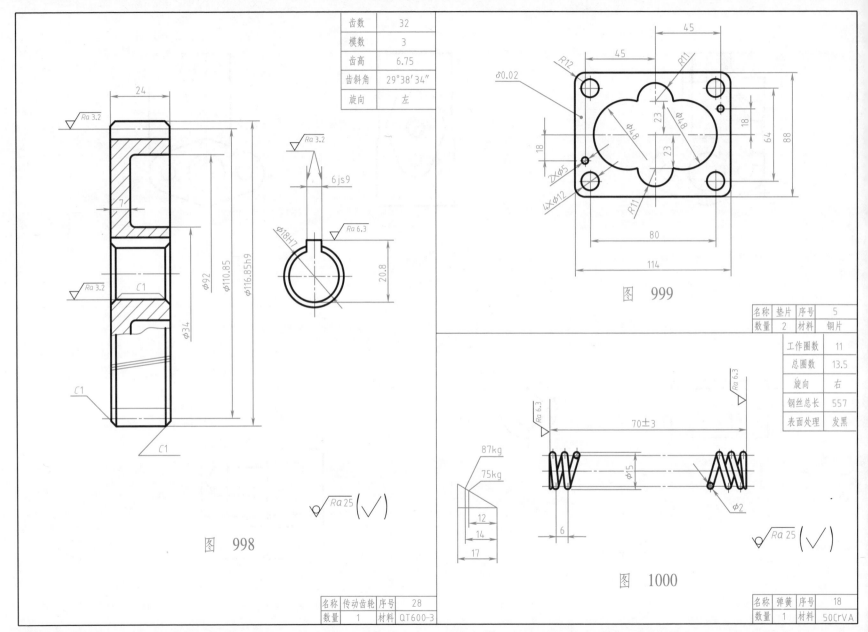

齿数	32
模数	3
齿高	6.75
齿斜角	29°38′34″
旋向	左

$\sqrt{Ra\,3.2}$

24

$\sqrt{Ra\,3.2}$

6 js9

$\sqrt{Ra\,6.3}$

φ18H7

20.8

7

C1

$\sqrt{Ra\,3.2}$

C1

φ92
φ34
φ110.85
φ116.85h9

C1

C1

$\sqrt{Ra\,25}(\sqrt{\ \ })$

图 998

图 999

δ0.02

R12   45   R11

45

R11

23   φ48   φ48   18

18   23   88   64

2×φ5

4×φ12   R11

80

114

$\sqrt{Ra\,6.3}$

$\sqrt{Ra\,6.3}$

70±3

87kg

75kg

φ15

φ2

12

14

17

6

图 1000

$\sqrt{Ra\,25}(\sqrt{\ \ })$

名称	垫片	序号	5
数量	2	材料	铜片

工作圈数	11
总圈数	13.5
旋向	右
钢丝总长	557
表面处理	发黑

名称	传动齿轮	序号	28
数量	1	材料	QT600-3

名称	弹簧	序号	18
数量	1	材料	50CrVA

附录 数控自动化机床加工和检测零件视频

本书附上当代科技先进自动化机床相关的 37 个数控机床加工零件和检测的演示视频，可扫下面的二维码观看，时长约 1h。制作视频的目的是为了增加设计师头脑中机械结构知识，提高灵活运用机械结构的水平。当然有经验的高级设计师，看到工作母机的视频运动，就会联想到数控机床的内部结构。

可以预见，未来的机床视频演示，有可能要代替纯设计图样，而进入模块设计时代。未来的世界是机器人和机械手的自动化时代，视频中自动化加工和检测零件产品案例，可供读者设计时参考。

名称	图形	名称	图形	名称	图形
1. 板材切割自动机床		6. 端头处理+弯管自动机床 2		11. 管子切割+检测自动机床 1	
2. 棒料切割自动机床		7. 端头处理+弯管组合自动机床		12. 管子切割+检测自动机床 2	
3. 大型塔式弯管自动机床		8. 方管切割自动机床		13. 管子切割+检测自动机床 3	
4. 端头处理+切割自动机床		9. 管子端头自动清理机床 1		14. 管子切割+清理自动机床 1	
5. 端头处理+弯管自动机床 1		10. 管子端头自动清理机床 2		15. 管子切割+清理自动机床 2	

名称	图形	名称	图形	名称	图形
16. 管子切割加工自动机床 1		24. 塔式弯管自动机床		32. 圆管端头处理自动机床 2	
17. 管子切割加工自动机床 2		25. 弯管+冲孔自动机床		33. 圆管端头处理自动机床 3	
18. 管子切割加工自动机床 3		26. 弯管+端头处理+检测自动机床		34. 圆管切割+端头处理自动机床 1	
19. 管子切割加工自动机床 4		27. 弯管+切割+端头处理自动机床		35. 圆管切割+端头处理自动机床 2	
20. 管子切割自动机床 1		28. 弯管端头处理自动机床 1		36. 圆管切割自动化机床	
21. 管子切割自动机床 2		29. 弯管端头处理自动机床 2		37. 综合加工自动机床	
22. 管子切割自动机床 3		30. 弯管自动机床			
23. 矩形管切割自动机床		31. 圆管端头处理自动机床 1			